DER ELEFANT

Text: Gill Davies
Layout: Sue Pressley, Paul Turner
Redaktion: Philip de Ste. Croix
Bildrecherche: Karen James

Queen Street House
4 Queen Street
Bath BA1 1HE, UK

Produktion der deutschen Ausgabe: trans texas publishing, Köln
Übersetzung: Inga-Brita Thiele, Köln
Redaktion und Satz der deutschen Ausgabe: lesezeichen Verlagsdienste, Köln

ISBN 978-1-4075-4203-4
Printed in China

DER ELEFANT

GILL DAVIES

Inhalt

Einleitung

Der Elefant ist ein grandioses Geschöpf, von der Spitze seines runzeligen Rüssels bis zur struppigen Schwanzquaste. Er ist gewaltig, majestätisch und Ehrfurcht gebietend. Er ist hochintelligent und pflegt enge Familienbindungen. Wir wollen seinem Lebensweg durch das hohe Gras der afrikanischen Savanne und die dichten asiatischen Wälder folgen und einen Blick in seine Zukunft werfen.

Wunderwesen Elefant

In seinem Gedicht *Die blinden Männer und der Elefant,* das wohl auf einer indischen Volkssage beruht, erzählt John Godfrey Saxe (1816–1887) von sechs blinden Männern, die sich ein Bild von einem Elefanten machen, indem jeder von ihnen einen anderen Teil seiner Anatomie berührt – einer die Flanke, der nächste den Stoßzahn, einer den Rüssel, einer ein Bein, einer ein Ohr und der letzte den Schwanz. Daraus schließen sie reihum, der Elefant sei wie eine Wand, ein Speer, eine Schlange, ein Baum, ein Fächer und ein Seil:

Und diese Männer aus Indostan
disputierten laut und lang,
beharrten jeder auf seiner Meinung
sehr zäh und gar nicht bang,
doch obwohl jeder ein bisschen recht hatte,
war das alles ganz ohne Belang!

Das ist kein Nonsensgedicht: Selbst wenn wir den Elefanten im Ganzen betrachten, gewinnt wohl jeder von uns einen ganz eigenen Eindruck von ihm. Manche von uns haben das Glück, sie in ihrer eigenen Welt erleben zu dürfen. Dieses Privileg ist mir lebhaft als Höhepunkt einer Kenia-Reise in Erinnerung geblieben. Nachdem die Elefanten dort tagelang bloß mit uns zu kokettieren schienen und sich nur als Pünktchen am fernen Horizont zeigten, fanden wir uns an unserem allerletzten Tag in der Masai Mara plötzlich in unmittelbarer Nähe einer ganzen Herde wieder. Sie rupften fleißig Blätter von den Bäumen, während in ihrer Mitte ein ganz junger Elefant herumtollte. Eine Scheinattacke seiner Mutter wies uns in unsere Schranken, bevor sie von dannen marschierten und uns voll Ehrfurcht zurückließen, weil wir einige Augenblicke in ihrer atemberaubenden Gegenwart hatten verbringen dürfen.

Oben: *Ein afrikanischer Elefant. Im Gegensatz zu menschlichen Zähnen sind die Stoßzähne der Elefanten nicht mit emailleartigem Zahnschmelz, sondern mit einer Zementschicht aus verkalktem Gewebe überzogen. Die Stoßzähne sind bis zur Hälfte hohl.*

Rechte Seite: *Bevor sich dieses Grüppchen asiatischer Elefanten an der Tränke erfrischt und vielleicht ein kühles Bad nimmt, begrüßen sich die Jungelefanten, indem sie ihre Rüssel umeinanderschlingen.*

Vorhergehende Doppelseite: *So dick die runzelige Elefantenhaut auf dem Rücken und an den Flanken ist, bleibt sie doch sonnenempfindlich – auch deshalb ist die Abkühlung durch Wasser- oder Schlammbäder so wichtig für das Wohlbefinden.*

Diese erstaunlichen Kreaturen sind in so vieler Hinsicht etwas ganz Besonderes – von ihrer Niedlichkeit als scheue Neugeborene bis zu ihrer Riesenhaftigkeit als ausgewachsene Tiere. Ihre Rüssel sind stark genug, um ganze Bäume auszureißen, zugleich aber empfindsam genug, um eine Feder aufzulesen. Elefanten können während der Musth (hormonell bedingte aggressive Phase bei Jungbullen) ein wüstes Temperament an den Tag legen, erweisen sich aber auch als fürsorgliche Eltern. Wir staunen über ihre Intelligenz und ihr sprichwörtlich gutes Gedächtnis, das Vergnügen, mit dem sie im Wasser herumplanschen, ihr Schwimmtalent und ihre Fähigkeit, sich über große Entfernungen miteinander zu verständigen. Elefanten erwecken in

uns eine Fülle unterschiedlicher Gefühle und scheinen viele davon auch selbst empfinden zu können.

Dieses Buch beschreibt das Leben der afrikanischen, der asiatischen und der Waldelefanten. Es stellt ihre Ahnen vor – die pelzigen Mammute und Mastodonten – und auch ihre nächsten lebenden Verwandten: die Seekühe und Schliefer. Es berichtet von ihrem Zusammenleben, ihren Familienbeziehungen, ihrem komplexen Verhalten, davon, wie sie Nahrung und Wasser finden und wie sie ihre Jungen aufziehen. Es folgt ihrem Lebensweg durch Dschungel und Savanne – gefährdete Lebensräume, die immer weiter schrumpfen.

Manche Elefanten leben im Gebirge, am Kilimandscharo zum Beispiel, am Mount Kenia und im Himalaja. Andere graben im Sand der namibischen Wüste nach Wasser, während die Elefanten in Mali, wo die Sanddünen der Sahara in lichtes Baum- und Strauchland übergehen, auf der Suche nach Wasser täglich über 50 km zurücklegen.

Diese Untersuchung ihrer Beziehungen untereinander und zum Menschen – von der Vorgeschichte bis heute – fördert viele erstaunliche Fakten zutage, und fast täglich scheinen neue Erkenntnisse über Intelligenz und Verhalten der Elefanten unser Wissen zu ergänzen.

Wenn die Kunst der Kommunikation ein Gradmesser für Intelligenz ist, dann sind die Elefanten regelrechte Überflieger. Sie sind sehr „gesprächig“ und können durch Weiter- oder Engerstellung ihrer Nasenlöcher den Luftstrom durch ihre Rüssel steuern, um zu kollern, schnauben, brüllen, rumpeln, kreischen und niederfrequente Infraschall-Groll-laute (die sie teils noch in weiter Entfernung über die Füße wahrnehmen) sowie verschiedenste Trompetenrufe zu erzeugen. Wie viele andere Tiere scheinen sie telepathische Fähigkeiten zu besitzen, was sich dadurch erklärt, dass sie Infraschalllaute wahrnehmen, die Menschen nicht hören.

Uns nahezu zwergenhafte Betrachter faszinieren die grauen Riesen auch deshalb, weil sie uns in mancher Hinsicht so ähnlich scheinen – in ihrer Lebenserwartung und ihrem Entwicklungstempo, ihren engen Familienbanden, ihrem guten Gedächtnis, ihrer freudigen Reaktion auf Geburten, ihrer Trauer bei Todesfällen. Manchmal scheinen sie an einem Ort, an dem ein Verwandter gestorben ist, innezuhalten und über ihren Verlust nachzusinnen, selbst wenn dort keine Knochen oder andere Spuren an den toten Artgenossen erinnern. Elefanten beweisen große Treue und schließen teils lebenslange Freundschaften.

Die meisten Herden streifen unter Leitung einer weisen Matriarchin umher. Wie kraftvolle Bulldozer bahnen sie Schneisen durch den Wald, und ihr Dung führt Spurenelemente und Nährstoffe aus dem von ihnen zerkauten Holz wieder dem Boden zu. Die Überreste von Ästen, die sie zurücklassen, schützen junge Gräser und Sträucher vor den Hufen und Mäulern äsender Tiere. Elefanten verändern die Landschaft, indem sie einerseits Bäume fällen, andererseits aber auch das Wachstum neuer Schösslinge begünstigen – ein immerwährender Kreislauf von Rodung und Neuwuchs. Etwa ein Drittel der westafrikanischen Baumarten ist auf Elefanten angewiesen, denn ihre Samen keimen nur, wenn Elefanten sie durch ihren Verdauungstrakt schleusen.

Die Trampelpfade folgen oft der günstigsten Route durch dichtes Gestrüpp und werden mitunter sogar als Trassen für menschliche Straßen genutzt. Sie führen zu (ebenfalls von den Elefanten angelegten) Wasserlöchern und leiten als Kanäle Regenwasser zu diesen Tümpeln, die immer größer werden, wenn die Elefanten darin baden und ihre mächtigen Körper mit zähem Schlamm einkleistern. Dabei verdichten sie mit ihrem gewaltigen Gewicht und ihren stampfenden Füßen den Boden des Tümpels, sodass das Wasser nicht so rasch versickert. Manchmal legen sie mit ihren Rüsseln sogar Wasserquellen frei, die tief unter scheinbar ausgetrockneten Flussbetten verborgen liegen. Alle anderen durstigen Tiere

der Umgebung profitieren von diesen lebenswichtigen Wasserquellen, die von den Elefanten erschlossen und instand gehalten werden.

In manchen Kulturen genießen Elefanten königlichen Rang, werden als Götter verehrt oder dienen als Glück bringende Reittiere für Könige und Fürsten. Zahllose Märchen und Legenden erzählen von den faszinierenden Dickhäutern. Es heißt, sehr kleine Tiere wie Vögel, Mäuse oder Mungos könnten diese Riesen zu Tode erschrecken, aber faktische Belege gibt es für diese Behauptungen nicht.

Manche von uns entwickeln durch ein Lieblingsspielzeug oder -buch schon als Kinder eine besondere Sympathie für Elefanten, die sich später durch faszinierende

Fernsehbilder noch vertieft. Engagierte Forscher, Kameraleute und Fotografen haben uns viele schöne Dokumentationen und Bücher beschert und unser Wissen über Elefanten vermehrt, doch inzwischen sind einige Elefantenbestände durch Wilderei und rapide schrumpfende Lebensräume stark dezimiert. Viele fürchten um die Zukunft dieser prachtvollen Tiere. Es ist schwer, sich unseren Planeten ohne ihre majestätische Präsenz vorzustellen. Was wäre die Welt ohne die schwarzen Silhouetten der Elefanten vor glutrotem Sonnenuntergang, die tiefen Schatten ihrer Herden? Wir würden den Anblick dieser Kolosse vermissen, die sich in klaren Tümpeln spiegeln, aus wogendem, goldgelbem Gras auftauchen, sich ihren Weg durch dichtes Laubwerk bahnen, wie übermütige Kinder im Wasser planschen. Wir wollen erzittern beim Anblick eines Elefantenbullen in angespannter Angriffsbereitschaft und uns verzaubern lassen von den Possen eines Jungelefanten, der sich zwischen den Beinen der Großen hindurchschlängelt.

Oben: *Die Silhouette eines Elefanten vor der aufgehenden Sonne, die einen neuen Tag in der afrikanischen Steppe ankündigt.*

Wir müssen uns dafür einsetzen, dass „Wand, Speer, Schlange, Baum, Fächer und Seil", die zusammen dieses großartige Geschöpf, den Elefanten, ausmachen, erhalten bleiben, um auch unsere Kinder und Enkel noch zu beeindrucken, zu erstaunen, zu faszinieren und zu bezaubern.

Den Elefanten auf der Spur

Die modernen Elefanten stammen von den prähistorischen **Mammuten** ab, die einst weite Teile unseres Planeten bevölkerten. Die Elefanten unserer Zeit bewohnen **Savannen** und Wälder in Afrika, **Indien** und Südostasien. Sie sind zwar nicht mehr so **pelzig** wie die Mammute, beeindrucken uns aber immer noch durch ihre **gewaltige Größe**, derweil sie wie eh und je durch die Landschaft stapfen, immer auf der Suche nach Nahrung, ab und zu **ein Bad** nehmen und sich ebenso **liebevoll** wie intelligent verständigen.

Was ist ein Elefant?

Das größte Säugetier der Erde ist der Wal, doch an Land hält der Elefant den Rekord hinsichtlich Größe und Gewicht. Darüber hinaus gehören diese größten Landsäugetiere auch zu den intelligentesten Lebewesen des Planeten: Sie besitzen eine ausgeprägte soziale Infrastruktur und Fähigkeiten, die wir erst in jüngster Zeit infolge neuerer Studien zu würdigen beginnen.

In vorgeschichtlicher Zeit durchstreiften ihre mittlerweile ausgestorbenen Verwandten fast die ganze Welt, mit Ausnahme Australiens und der Antarktis. Heute leben die meisten Elefanten im afrikanischen Grasland und in den asiatischen Wäldern, aber trotz ihres geschrumpften Verbreitungsgebiets bleiben sie eine äußerst erfolgreiche und bemerkenswerte Spezies.

Rechts: *Ruhepause in der Savanne bei Sonnenuntergang. Elefanten brauchen ständigen Nahrungsnachschub, um ihren gewaltigen Kalorienbedarf zu decken, und verbringen mindestens 18 Stunden täglich mit Fressen und kilometerweiten Märschen, um ausreichende Futtermengen zu finden.*

Folgende Doppelseite: *Ein Elefant frisst täglich rund 200 kg Blätter, Gras, Früchte, Blüten, Äste, Wurzeln und Rinde – und schon die Neugeborenen trinken mehr als 10 l Muttermilch am Tag.*

Ordnung muss sein

In der wissenschaftlichen Klassifikation aller Lebewesen gehören die Elefanten der Ordnung *Proboscidea* (Rüsseltiere) an – nach dem lateinischen Wort „Proboscis" für „Rüssel". Die Familie der Elefanten *(Elephantidae)* besteht heute aus zwei Hauptarten: dem Afrikanischen Elefanten *(Loxodonta africana)* und dem Asiatischen Elefanten *(Elephas maximus)*.

Innerhalb dieser Arten gibt es mehrere Unterarten: den Sri-Lanka-Elefanten *(Elephas maximus maximus)*, den Indischen Elefanten *(Elephas maximus bengalensis)* und den Sumatra-Elefanten *(Elephas maximus sumatranus)*. Erst 2003 wurde der Borneo-Zwergelefant *(Elephas maximus borneensis)* als weitere Unterart identifiziert.

Außerdem stufen einige Experten die Afrikanischen Waldelefanten *(Loxodonta africana cyclotis)* als eigene Art gegenüber den ebenfalls in Afrika beheimateten Steppenelefanten *(Loxodonta africana oxyotis)* ein – eine Unterscheidung, die sich auf DNA-Analysen stützt, in der Fachwelt aber noch umstritten ist.

Der Afrikanische Elefant ist in 37 afrikanischen Ländern südlich der Sahara anzutreffen. Kleine Gruppen von Waldelefanten leben in den dichten Äquatorialwäldern von West- und Zentralafrika und insbesondere in der Demokratischen Republik Kongo. Die Steppenelefanten, die trockeneres Wald- und Grasland durchwandern, sind viel weiter verbreitet. Am häufigsten kommen sie in Kenia, Tansania, Botsuana, Simbabwe, Namibia und Südafrika vor.

Forscher schätzen den aktuellen Bestand an Asiatischen Elefanten auf ungefähr 40 000, nicht einmal ein Zehntel der Elefantenpopulation Afrikas. Diese kleinohrigeren Schwergewichte bevorzugen Waldgebiete und Übergangszonen zwischen Wald und Grasland, die Wasservorkommen und reichliche sowie vielseitige Futterquellen bieten. Sie bevölkern Indien, Sri Lanka, Myanmar (Birma), Indonesien, Thailand, Kambodscha, Vietnam, Laos, Malaysia, Nepal, Bangladesch und Südchina.

Der Afrikanische Steppenelefant **(links)** *ist größer als sein asiatischer Verwandter* **(rechts)**, *hat viel größere Ohren und eine anders geformte Rüsselspitze mit zwei Fortsätzen. Es gibt viel weniger Asiatische als Afrikanische Elefanten.*

Vorhergehende Doppelseite: Der etwas haarigere Afrikanische Waldelefant (links) wurde erst jüngst als eigene Art klassifiziert. Er lebt tief im Wald, ähnlich wie die Asiatischen Elefanten (rechts).

Rechts: Die Busch- und Klippschliefer, die pfeifend und quiekend auf Felsen und Bäumen in Afrika und dem Nahen Osten herumklettern, sind biologisch nahe Verwandte des Elefanten. Sie haben ähnliche Fußknochen und auffallend lange Schneidezähne.

Unten: Noch ein naher Verwandter des Elefanten ist der Dogong, eine von vier Arten von Seekühen. Das sind warmblütige, Luft atmende Säugetiere, die sich nicht an Land fortbewegen können.

Oben: Moderne Gentests ergaben, dass die Manatis, eine andere Seekuhart, wohl die engsten lebenden Verwandten der Elefanten sind und möglicherweise von Landsäugern abstammen.

Ferne Vorfahren und lebende Verwandte

Irgendwann vor 50 bis 60 Millionen Jahren bevölkerten die Vorfahren der Elefanten (damals gerade mal so groß wie ein modernes Hausschwein) ein viel größeres Verbreitungsgebiet als ihre Nachkommen heutzutage. Sie waren in vielen unterschiedlichen Lebensräumen daheim, von tropischen Regenwäldern bis zu Wüsten und von Küstengebieten bis zum Hochgebirge. Es gab nur wenige Regionen, in der ihre stampfenden Schritte nicht widerhallten, doch nur die direkten Vorfahren der Afrikanischen, Asiatischen und Waldelefanten überlebten eine Abfolge extremer Klimawechsel, die viele weniger zähe Arten aussterben ließ.

Die nächsten lebenden Verwandten der heutigen Elefanten sind Seekühe und Schliefer, die alle zur Gruppe der *Paenungulata* gehören – auch wenn sie auf den ersten Blick keinerlei Ähnlichkeit mit ihren größeren Vettern haben und ganz andere Lebensräume bewohnen. Besonders niedlich wirken die Busch- und Klippschliefer (der Ordnung *Hyracoidea*), die auf Felsen und Bäumen in Afrika und dem Nahen Osten herumkraxeln und eher an zu groß geratene Meerschweinchen als an Elefanten erinnern.

Erst kürzlich haben Wissenschaftler der University of Michigan in den USA etwas entdeckt, das sie für das „fehlende Glied" der Abstammungskette zwischen prähistorischen und modernen Elefanten halten: das 27 Millionen Jahre alte Fossil eines schweinegroßen Tiers mit Stoßzähnen. Man glaubt, dass die Mastodonten ebenso wie die Elefanten ursprünglich aus Afrika stammten. Aber was auch immer das letzte Wort dazu sein wird, es sieht inzwischen so aus, als

ob Mastodonten und Elefanten sich schon 5 Millionen Jahre früher entwickelten als bislang angenommen.

Jedenfalls entwickelten sich vor rund 60 Millionen Jahren aus großen, primitiven, Pflanzen fressenden Säugetieren die ersten Huftiere. Ihre Evolution brachte fünf Entwicklungslinien hervor, von denen eine ausstarb, sodass heute vier Gruppen übrig bleiben: 1) Wale und Delfine, 2) Pferde, Tapire und Nashörner, 3) Paarhufer und 4) Elefanten.

Der Afrikanische Elefant blieb als einziger Elefant in seiner ursprünglichen Heimat, wo er sich zu den Steppen- und Waldelefanten weiterentwickelte, die heute noch dort umherstreifen. Der gemeinsame Vorfahr der Mammute und Asiatischen Elefanten spaltete sich vor etwa 6 bis 7 Millionen Jahren von der Abstammungslinie der Afrikanischen Elefanten ab. Ungefähr eine halbe Million Jahre danach trennten sich auch die Wege der Asiatischen Elefanten und der Mammute. So ist der Asiatische Elefant zwar bei Weitem nicht so pelzig wie das Mammut, aber doch deutlich stärker behaart als seine entfernten afrikanischen Verwandten.

Oben: *Dieser junge (und relativ haarige) Verwandte des Mastodons lebt in der Elefantenaufzuchtstation Pinnawela auf Sri Lanka.*

Folgende Doppelseite: *ein ausgewachsener Asiatischer Elefant auf Futtersuche im Dschungel*

Mammut und Mastodon

Fossile Überreste von Mammuten und Mastodonten hat man überall auf der Welt entdeckt. Die Mammute gehörten zur Ordnung der Elefanten *(Proboscidea)* und sind – erdgeschichtlich betrachtet – erst vor relativ kurzer Zeit ausgestorben: vor etwa 5000 Jahren. Das Mastodon *(Mammut americanum)* lebte während der Eiszeit in Nordamerika (einige Exemplare drangen auch bis nach Südamerika vor), hielt sich aber offenbar lieber in Wäldern auf, während sich die Mammute eher in offenem Grasland zu Hause fühlten. Das Mastodon durchstreifte Nordamerika seit rund 3,75 Millionen Jahren, bis es vor 11 000 Jahren schließlich ausstarb. Es ähnelte dem Mammut, hatte aber stumpfere, kegelförmige Backenzähne und geradere, horizontalere Stoßzähne.

Das Mammut war einen großen Teil des Pliozäns – von vor 4,8 Millionen Jahren bis vor ca. 10 000 Jahren –, von Spanien über Nordamerika bis nach Sibirien verbreitet. Alle Mammute trugen riesige, gebogene Stoßzähne. Der nördlichen Art wuchs ein langer, zottiger Pelz: Diesen Wollhaar- oder Kältesteppen-Mammuten konnten selbst die extremen Minustemperaturen der Eiszeit nichts anhaben. Sie hatten kleinere Ohren als die modernen Elefanten und einen behaarten Hautlappen über dem After, der diese empfindliche Körperpartie vor der eisigen Kälte schützte. Ihre Stoßzähne waren bis zu 5 m lang. Vielleicht setzten die Mammute diese

kräftigen, gebogenen Elfenbeinsäbel als Schneeschaufeln ein, um schneebedeckte Pflanzen auszugraben.

Wie es auch heute bei vielen gefährdeten Arten zu beobachten ist, schrumpften die Mammut-Populationen nach und nach. Verschärft wurde die Situation dadurch, dass sie in mehrere kleine Gruppen aufgesplittert waren, die viele Tausend Kilometer voneinander entfernt lebten. Die letzten Populationen standen existenziell einige Zeit auf der Kippe, bis sie vor 11000 bis 4000 Jahren schließlich ganz verschwanden. Niemand weiß genau, warum. Zweifellos fielen manche den frühen Waffen unserer jagenden Vorfahren zum Opfer, aber wahrscheinlich taten auch der Klimawandel oder eine Infektionskrankheit das Ihre dazu.

Doch zumindest die modernen Elefanten sind uns bis heute erhalten geblieben, obwohl inzwischen auch sie stark gefährdet sind. Sie dienen als lebendes Andenken an ihre Vorfahren. Mammute und moderne Elefanten entstammen der Familie *Elephantidae* als gemeinsamer Wurzel, und erstaunlicherweise ist der heutige Asiatische Elefant enger mit dem ausgestorbenen Mammut verwandt als mit seinem zeitgenössischen afrikanischen Vetter.

Das prähistorische Mammut ***(linke Seite)*** *der letzten Eiszeit war unverkennbar ein Verwandter des modernen Elefanten. Allerdings stand es der asiatischen Form* ***(oben)*** *mit ihren kleineren Ohren und dem Kopfhöcker näher als dem Afrikanischen Elefanten.*

Körperliche Merkmale und Unterscheidung der Arten

Die genetischen Unterschiede zwischen dem Afrikanischen *(Loxodonta africana)* und dem Asiatischen Elefanten *(Elephas maximus)* sind so groß, dass die beiden Arten sich nicht kreuzen lassen. Der augenfälligste – und wohl allgemein bekannteste – äußere Unterschied besteht darin, dass die Afrikanischen Elefanten riesige, rund 2 m hohe Ohren haben, die Hals und Schultern bedecken, während die Asiatischen Elefanten viel kleinere Ohren aufweisen. Aber es gibt noch viele andere, weniger bekannte Unterscheidungsmerkmale zwischen den afrikanischen und den asiatischen Arten.

Bei den Afrikanischen Elefanten ist der Kopf gleichmäßig gewölbt, während die Asiatischen einen Höcker oben auf dem Kopf und eine Delle über der Stirn haben. Die Haut der Afrikanischen Elefanten ist runzliger als die der Asiaten. Afrikanische Elefanten haben verhältnismäßig größere Augen, und die weiblichen Tiere haben im Allgemeinen glattere, flachere Köpfe.

Der Afrikanische Elefant ist der größere der beiden, mit längeren Beinen und einer durchschnittlichen Höhe von 3 bis 3,65 m, wobei die Schultern den höchsten Punkt des Körpers bilden. Der größte Afrikanische Elefant, der je gewogen wurde, war 12,2 t schwer und hatte eine Schulterhöhe von 4,2 m – gut doppelt so groß wie ein Mensch. Der

Asiatische Elefant ist mit 2 bis 3,5 m etwas kleiner; bei ihm bildet der Kopfhöcker den höchsten Punkt. Das Gewicht Afrikanischer Elefanten bewegt sich zwischen 4 und 7 t – das entspricht etwa dem Gewicht eines Autobusses. Asiatische Elefanten bringen zwischen 3 und 5 t auf die Waage.

Der Afrikanische Elefant hat einen geraderen oder sogar durchhängenden Rücken, der im Lendenbereich einen Wirbel mehr besitzt als der gewölbte Rücken seines asiatischen Verwandten. Außerdem hat er bis zu 21 Rippenpaare, der Asiatische Elefant nur bis zu 20. Der massige Bauch des Afrikanischen Elefanten senkt sich zu den Hinterbeinen hin, während der des Asiatischen Elefanten fast horizontal verläuft oder in der Mitte durchhängt.

Oben: *Der Asiatische Elefant ist insgesamt kleiner und leichter als der Afrikanische, hat kleinere Ohren, glattere Haut, eine längere Unterlippe und häufig keine Stoßzähne. Sein Bauch verläuft horizontal oder hängt in der Mitte durch, und der Kopfhöcker ist der höchste Punkt seines Körpers.*

Linke Seite: *Der größere Afrikanische Elefant hat längere Beine, eine flachere Kopfkontur, größere Ohren und Augen, einen geraden oder in der Mitte durchhängenden Rücken, mehr Rippen und Wirbel, Backenzähne mit dickerem Zahnschmelz und weniger Fissuren sowie eine runzligere Haut. Zehen und Rüsselspitze sind anders geformt als beim Asiatischen Elefanten, und der Bauch senkt sich nach hinten. Der höchste Punkt des Körpers ist der Rücken.*

Elefantenfüße sind sehr schwierig zu beschreiben. Verschiedene Quellen nennen unterschiedliche Zahlen – sowohl für ihre Zehen als auch für die großen, flachen Zehennägel. Das ist weniger verwunderlich, als es sich anhört, denn die Zehen sind im Fuß eingebettete, vorwiegend innere und möglicherweise rudimentäre (rückgebildete) Strukturen und besitzen auch nicht allesamt Zehennägel. Der Afrikanische Elefant scheint vier oder fünf „Zehen" und Zehennägel an den Vorderfüßen und je drei an den Hinterfüßen zu haben. Der Asiatische Elefant hat fünf Zehen und Nägel an den Vorderfüßen und je drei oder vier an den Hinterfüßen. Beide tragen dicke, schützende Hornsohlen unter den Füßen.

Wie an ihren Fußabdrücken deutlich zu sehen, ist der Umriss des Vorderfußes rund, der des Hinterfußes oval. Wenn Elefanten ihre Füße belasten, spreizen sich die Zehen. Heben sie die Füße vom Boden, wölben sich die Sohlen nach außen und unten. Dadurch, dass sich der Fußumfang beim Anheben verkleinert, kann der Elefant seinen Fuß leichter aus schlammigem Untergrund lösen.

Durch ihre gute Gewichtsverteilung hinterlassen Elefanten keine besonders tiefen Spuren. Ihre breiten, gepolsterten Füße sorgen für einen ruhigen Gang, aber sie können auch ein ziemliches Tempo vorlegen und bei Bedarf über kurze Strecken bis zu 38 km/h schnell werden. Ihre dicken Sohlen sind voller Furchen und Rippen (wie die Profilsohle eines Bergstiefels), was ihnen an steilen Hängen hervorragenden Halt verleiht. Wenn der Elefant einen Fuß auf den Boden aufsetzt, insbesondere einen Vorderfuß, spreizen sich die Zehen und der Fuß verbreitert sich, um das Gewicht besser zu tragen. Beim Gehen wirkt Fett- und Bindegewebe unter der erhöhten Ferse als stoßdämpfendes Polster.

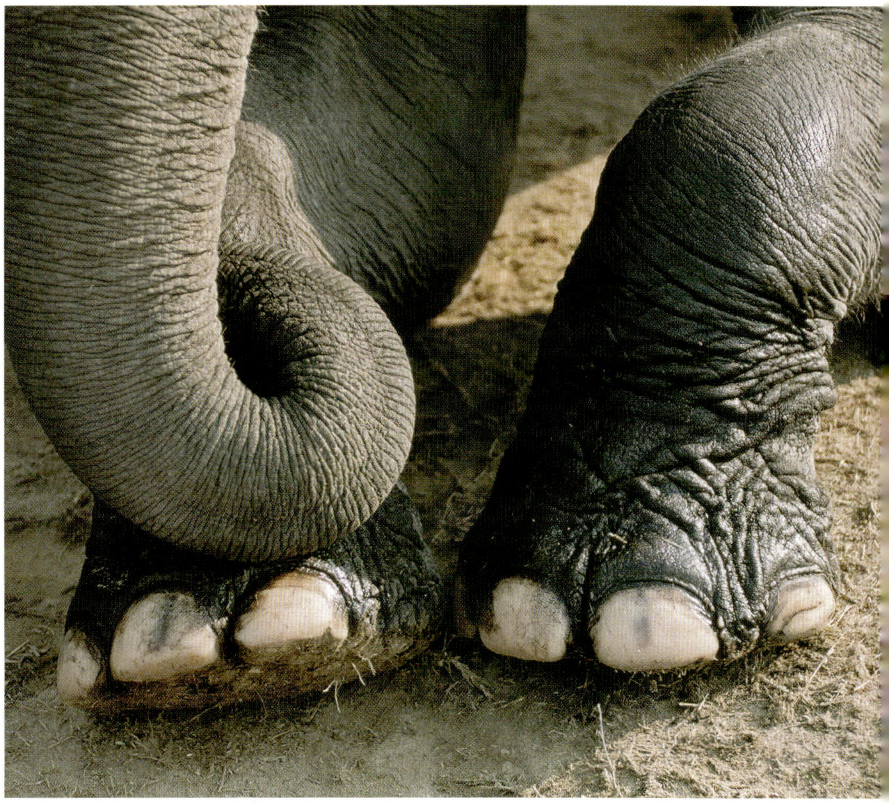

Die Füße eines Asiatischen Elefanten **(oben)** *im Vergleich zum Fuß eines Afrikanischen Elefanten* **(unten)***. Von den vier oder fünf im Fleisch des Fußes eingebetteten Zehen sind nur die Zehennägel sichtbar, aber nicht alle Zehen haben Nägel. Der Fuß ist so geformt, dass der Elefant praktisch auf Zehenspitzen geht.*

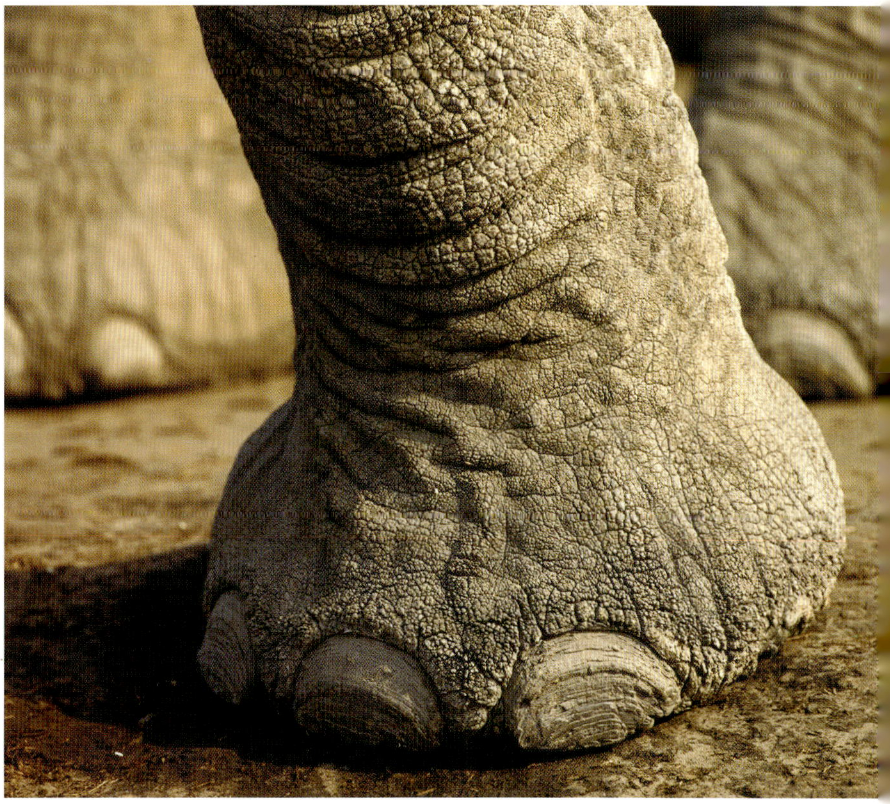

Links: *Manchen Asiatischen Elefantenbullen fehlen die Stoßzähne. Asiatische Elefantenkühe entwickeln, wenn überhaupt, lediglich kurze Stiftzähne, die nur bei geöffnetem Maul sichtbar werden. Asiatische Elefanten wurden seit jeher für den Einsatz bei Rodungsarbeiten oder zeremoniellen Anlässen gezähmt.*

Oben: *Stoßzähne Afrikanischer Elefanten. Etwa ein Viertel der Stoßzahnlänge ist im Schädel eingebettet. Die Zähne wachsen immer weiter – etwa 17 cm pro Jahr.*

Unten: *Asiatische Elefantenkühe entwickeln nur kleine Stiftzähne.*

Die rautenförmigen Backenzähne der Afrikanischen Elefanten haben einen dickeren Zahnschmelz und weniger, aber gröbere Fissuren (Spalten im Schmelz) als die kompakteren Backenzähne der Asiatischen Elefanten, die eher den Zähnen des ausgestorbenen Mammuts ähneln.

Die Stoßzähne der Elefanten sind eigentlich verlängerte obere Schneidezähne, die ihr Leben lang immer weiterwachsen. Die Stoßzähne der Afrikanischen Elefantenbullen und -kühe sind größer als die der Asiatischen Elefanten. Bei Letzteren haben die Elefantenkühe oft gar keine Stoßzähne oder lediglich rudimentäre Stiftzähne, die nur knapp über die Oberlippe hinausragen. Nur etwa die Hälfte der asiatischen Elefantenbullen besitzt richtige Stoßzähne. Elefanten benutzen ihre Stoßzähne zum Kämpfen, aber auch, um Rinde von den Bäumen zu schaben.

Wie es bei uns Menschen Rechts- und Linkshänder gibt, sind Elefanten ebenfalls rechts- oder linkszähnig. Der „Hauptstoßzahn" ist größerem Verschleiß ausgesetzt und deswegen meist kürzer und stumpfer als der andere, weniger benutzte Stoßzahn. Die Elefanten setzen beide Stoßzähne ein, um nach Wasser, Wurzeln und Mineralien zu graben, Äste abzubrechen oder gefällte Baumstämme zu bewegen – ferner beim Imponiergehabe und im Kampf.

Der Afrikanische Elefant hat eine kurze, gerundete Unterlippe, während die Unterlippe des Asiaten länger ist und spitz zuläuft. Der Rüssel des Afrikanischen Elefanten hat mehr Ringe und ist weicher und biegsamer als der des Asiatischen. Er hat an der Spitze zwei fingerartige Fortsätze, mit denen der Elefant so winzige Gegenstände wie ein einzelnes Samenkorn oder einen Grashalm auflesen kann, während der Asiatische Elefant nur einen einzigen solchen Fortsatz an der Rüsselspitze besitzt. Beide Arten nutzen ihre Rüssel, um zu trinken und Nahrung in ihre Mäuler zu führen, aber während die Afrikaner am liebsten Blätter fressen, rupfen ihre asiatischen Vettern lieber Gras.

Rechts und folgende Doppelseite: *Die meisten Elefanten sind „rechtszähnig" oder „linkszähnig", so wie wir Rechts- oder Linkshänder sind. Die Stoßzähne werden durch die dauernde Benutzung ungleichmäßig abgewetzt; mitunter bricht auch ein Stoßzahn bei einem Kampf oder einem Unfall ab, aber das ist nicht lebensbedrohlich.*

Oben: *Zwei stoppelbärtige Asiatische Elefanten Rüssel an Rüssel. Die biologische Ordnung der Elefanten heißt* Proboscidea *– nach dem lateinischen Wort „Proboscis" für „Rüssel". Neben ihrer gewaltigen Größe ist der Rüssel wohl das Erste, was den meisten Menschen zum Thema Elefanten einfällt.*

Links: *1975 wurde Pinnawela, ein Reservat auf Sri Lanka, als Auffangstation für Elefanten eingerichtet, wo verwaiste Jungelefanten aufgezogen werden. Inzwischen gibt es auch ein Zuchtprogramm. Die große Herde besteht aus rund 60 bis 70 Tieren aller Altersgruppen, von wenige Wochen alten Babys bis zu 60 jährigen Senioren.*

Rechts: *Bei genauer Betrachtung sind die Rüssel nicht alle gleich. Dieser hier ist leicht rosa gefärbt und hat ein deutliches Fleckenmuster, genau wie die Ohrspitzen – ein Phänomen, das nur bei Asiatischen Elefanten auftritt. Man hält es für ein Relikt aus der Zeit der Kältesteppen-Mammute. Es wird nur sichtbar, wenn die Haut staub- und schlammfrei ist. Alle Elefanten benutzen ihre Rüssel, um sich die Augen zu reiben oder sich am Ohr zu kratzen, drohend zu gestikulieren und gelegentlich auch mit Gegenständen zu werfen.*

Folgende Doppelseite: *Die Nahaufnahme eines Afrikanischen Elefanten zeigt das Gittermuster aus tiefen senkrechten und waagerechten Furchen auf seinem sandfarbenen Rüssel. Elefanten trinken, indem sie Wasser in ihren Rüssel saugen und es sich dann in den Schlund laufen lassen.*

Afrikanische Waldelefanten

Sie sind kleiner und stämmiger als die Afrikanischen Steppenelefanten und die Asiatischen Elefanten und haben eine dunklere Haut, rundere Ohren, haarigere Rüssel und parallel nach unten weisende Stoßzähne. Sie bewohnen Territorien von rund 2000 km^2 in relativ dicht bewaldetem Gebiet. Mit ihren geraden Stoßzähnen verfangen sie sich nicht so leicht in Bäumen und Sträuchern.

Oben: *Die Afrikanischen Waldelefanten leben in den dichten Äquatorialwäldern des west- und zentralafrikanischen Tieflands. Ihre Trampelpfade werden auch von anderen Tieren gern mitgenutzt.*

Rechts: *Ein DNA-Identifizierungssystem zur Rückverfolgung von illegal gehandeltem Elfenbein brachte Wissenschaftler zu der Erkenntnis, dass die afrikanische Elefantenpopulation aus zwei ganz verschiedenen Arten besteht. Die Waldelefanten waren in ihrer ökologischen Nische in den Äquatorialwäldern in Vergessenheit geraten.*

Oben: Ein Afrikanischer Elefant in Angriffsstimmung ist ein Furcht einflößender Anblick. Elefanten sind im Allgemeinen sehr sanfte Geschöpfe, aber Elefantenmütter gehen, ohne zu zögern, auf Störenfriede los, um ihre Jungen zu beschützen, und auch alte Elefantenbullen können sehr aggressiv werden.

Immer cool bleiben

Die Elefantenarten unterscheiden sich auch im Temperament. Der Asiatische Elefant ist fügsamer und leichter zu zähmen – ob für Forstarbeiten, als Reittier, für Zeremonien oder sogar als Zirkustier. Afrikanische Elefanten sind da weniger kooperativ und wurden nur selten domestiziert, auch wenn – wie jedes Schulkind weiß – die Karthager unter Hannibal sie zu Kriegselefanten abrichteten.

Bei Asiatischen wie Afrikanischen Elefanten stehen Dominanzverhalten, Autorität und Rang zwar im direkten Zusammenhang mit Größe und Alter des jeweiligen Tiers, aber

das individuelle Temperament der Elefanten spielt ebenfalls eine Rolle, und der disziplinarische Einfluss der autoritären Tiere auf die übrige Herde ist wichtig für die soziale Hierarchie. Das beginnt schon sehr früh damit, dass die älteren Elefanten den jüngeren Verhaltensregeln beibringen.

Bei der korperlichen Abkühlung helfen die riesigen Ohren der Elefanten. Sie sind von zahlreichen Blutgefäßen durchzogen, die ein individuelles, unverwechselbares Netzmuster bilden, vergleichbar unserem Fingerabdruck. Wenn der Elefant mit den Ohren wedelt, kühlt der Luftstrom das hier dicht unter der Oberfläche zirkulierende Blut, wodurch die Körpertemperatur insgesamt absinkt.

Oben: *Die Asiatischen Elefanten leben in tropischen Wäldern, wo sie sich tagsüber zwischen den Bäumen versteckt halten und erst nachts auf Lichtungen hinaustreten. Sie sind in der Regel sehr friedfertig und eher scheu. Allerdings werden Elefantenbullen während der sogenannten Musth, einer Jugendphase, in der ihr Testosteronspiegel stark ansteigt, extrem übellaunig und unberechenbar.*

Links: *Diese Nahaufnahme zeigt das kleine Ohr und die faltige Haut eines Asiatischen Elefanten. Je heißer das Klima, in dem der Elefant lebt, desto weniger Haare hat er. Das ausgestorbene Mammut, das in der extremen Kälte der Eiszeit überleben musste, hatte sehr kleine, behaarte Ohren und einen warmen, zottigen Pelz.*

Folgende Doppelseite: *Die größeren Ohren der Afrikanischen Elefanten sind eine sehr wirkungsvolle „Klimaanlage", nicht nur, weil die Elefanten sich damit Luft zufächeln können, sondern auch, weil das Blut hier durch zahlreiche Blutgefäße direkt unter der Hautoberfläche zirkuliert und dadurch abgekühlt wird. Da Elefanten nicht schwitzen (außer an den Zehennägeln), spielen die Ohren eine sehr wichtige Rolle bei der Regulierung der Körpertemperatur.*

Der Rüssel als Werkzeug

Der Elefantenrüssel ist ein sehr komplexes Organ, dessen Muskeln wie Radspeichen um die beiden Nasenröhren angeordnet sind. Er besteht aus rund 40 000 Muskeln mit 150 000 assoziierten „Muskeleinheiten", enthält aber keinerlei Knochen, die die Beweglichkeit dieses „fünften Glieds" einschränken könnten. Das vielseitige Werkzeug dient als Nase, Arm, Hand – und Taschentuch. Der Rüssel ist kraftvoll genug, um einen Löwen mit einem einzigen Schlag zu töten oder 275 kg Gewicht zu stemmen, und zugleich geschickt genug, um eine Feder aufzuheben.

Elefanten benutzen ihren Rüssel, um Pflanzen aufzunehmen: Gras auszurupfen, Früchte, Blätter oder ganze Zweige von Bäumen zu pflücken und in ihr Maul zu stecken. Manchmal umklammern sie einen Baum oder Ast und schütteln ihn, bis Früchte oder Blätter herunterpurzeln – oder sie werfen gleich den ganzen Baum um.

Ein Elefant kann bis zu 10 l Wasser in seinen Rüssel einsaugen und dann in sein Maul spritzen. Der Rüssel ist beim Schwimmen als „Schnorchel" nützlich, und er ist ein hoch entwickeltes Geruchsorgan, das der Elefant in die Luft recken und hin und her bewegen kann, um Freunde, Feinde und Nahrungsquellen schon von fern zu erschnuppern. Mit dem Rüssel kann der Elefant gestikulieren, Artgenossen begrüßen, Laute erzeugen, sich die Augen wischen (oder die Ohren kratzen) und Ringkämpfe austragen. Der Rüssel dient als Waffe, um nach Angreifern und Störenfrieden zu schlagen oder sie zu packen und zu Boden zu werfen. Außerdem wird er eingesetzt, um andere Herdenmitglieder durch sanftes Streicheln zu beruhigen oder Dinge zu heben, zu schieben oder zu tragen. Und wenn ihm das alles nach einem langen Tag zu viel wird, hängt der Elefant den müden Rüssel über seinen Stoßzahn, damit sich dieser wichtige Teil der Anatomie eine Weile ausruhen kann. Eine schwere Verletzung des Rüssels überlebt der Elefant in der Regel nicht.

Rechts: *Zwei Afrikanische Elefantenkühe mit Kälbern am Rand eines Wasserlochs. Der kleinere Elefant trinkt bei seiner Mutter. Elefantenkühe säugen ihre Jungen mehrere Jahre lang und tätscheln sie während des Säugens oft liebevoll mit dem Rüssel.*

Oben: Der Rüssel des Afrikanischen Elefanten hat mehr Ringe und ist weicher und biegsamer als der des Asiatischen. Die beiden fingerartigen Fortsätze an der Rüsselspitze bilden ein geschicktes Greiforgan, das winzige Gegenstände wie ein Samenkorn oder eine Feder aufheben kann. Die Muskeln des komplexen Organs Rüssel sind speichenförmig um die beiden Nasenröhren angeordnet.

Links: Der Rüssel kann Pflanzen, Früchte, Blätter und Zweige von den Bäumen rupfen und ins Maul stecken. Das erstaunlich vielseitige Werkzeug ist Nase, „Hand", Waffe und Signalgeber zugleich. Der Rüssel ist kraftvoll genug, um einen Löwen mit einem Schlag zu töten, zugleich aber empfindsam genug für zarteste Berührungen. Der Elefant benutzt ihn auch, um sich die Augen zu wischen.

Oben: *Zur Begrüßung berühren sich Elefanten oft sanft mit den Rüsseln und schlingen diese umeinander – vergleichbar mit unserem Händeschütteln oder einer Umarmung. Der Rüssel dient zum Ringen oder Streicheln, kann zur Drohgebärde erhoben oder als Zeichen der Unterwerfung gesenkt werden und wittert Nahrungsquellen ebenso wie Freunde.*

Rechts: *Elefanten können große Wassermengen in ihren Rüssel saugen und dann zum Trinken in ihren Schlund spritzen oder als Dusche über ihrem Körper (oder den eines Artgenossen) versprühen. Beim Schwimmen kann der Rüssel als Schnorchel dienen, während sich der übrige Körper unter Wasser befindet.*

Oben: *Dieser Elefant hat viele Liter Wasser in seinen Rüssel gesaugt, um sich eine erfrischende Dusche zu gönnen. Er kann sich auch mit Staub und Schlamm besprühen, um seine Haut vor der Sonne und stechenden Insekten zu schützen.*

Rechts: *Gegen Ende des Tages hängen ermattete Elefanten ihr überarbeitetes und sehr schweres „fünftes Glied" gern mal gefaltet über einen Stoßzahn, um ihm eine wohlverdiente Ruhepause zu verschaffen!*

Wassertiere

Elefanten springen nicht, aber sie können klettern und erstaunlich gut schwimmen. Sie lieben das Wasser und flüchten sich vor der Hitze in Seen oder Flüsse, wo sie ihre Rüssel mit Wasser füllen und sich den Staub von oben abduschen. Sie sind in diesem Element sehr entspannt; jüngere Untersuchungen legen sogar nahe, dass ihre Rüssel vielleicht als eine Art Unterwasser-Atemschläuche entstanden, bevor sich die „richtigen" Elefanten aus Meeressäugern entwickelten.

Wie Robben und Wale haben Elefantenembryonen innen liegende Hoden, was ebenfalls darauf hindeutet, dass sie ursprünglich dem wässrigen Element entstammen. Fossilienfunde lassen darauf schließen, dass die Elefanten vor rund 30 Millionen Jahren aus dem Wasser an Land gingen, also ist es durchaus möglich, dass ihre im Wasser lebenden Vorfahren den Rüssel als Schnorchel benutzten. Die modernen Elefanten nutzen ihn heute noch gelegentlich auf diese Weise: Da ihr Hals zu kurz ist, um das Maul bei Durchquerung tiefer Flüsse oder Seen bequem über Wasser halten zu können, atmen sie bei solchen Gelegenheiten eben durch ihre erhobenen Rüssel.

Oben und links: *Elefantenbabys lernen praktisch gleich nach der Geburt schwimmen und können sogar unter Wasser an der Mutterbrust trinken. Schon bald planschen die Kleinen übermütig im Wasser herum, und jeder See oder Teich wird zum erfrischenden Spielplatz, solange die Mama ein wachsames Auge auf hungrige Krokodile hat.*

Oben: *Periskop ausgefahren! Elefanten können ziemlich tiefe Gewässer bei reißender Strömung durchqueren, indem sie ihre Rüssel als Schnorchel einsetzen. Selbst die kleinsten Elefanten können schon recht gut schwimmen und halten den Rüssel zum Atmen hoch, während sie ihren Müttern in tieferes Wasser folgen.*

Asiatische Arbeitselefanten müssen bei Forstarbeiten oft von einer Insel zur anderen schwimmen. Dabei halten sie den Rüssel hoch über Wasser – was ein bisschen an das Sehrohr eines U-Boots erinnert – und können so selbst schnell fließende Gewässer durchschwimmen. Thailändische Forstarbeiter zum Beispiel durchqueren mit ihren Elefanten die ziemlich tiefen Gewässer zwischen den verschiedenen Andamanen-Inseln. Jungelefanten lernen sehr früh schwimmen und können sogar unter Wasser bei der Mutter trinken. Schon die Kleinsten setzen die Schnorcheltechnik ein, wenn sie ihrer Mutter in tieferes Wasser folgen und dabei den Boden unter den Füßen verlieren. Und schon bald schätzen sie das Wasser als wunderbar kühlen Spielplatz.

Elefanten paddeln beim Schwimmen mit allen vier Beinen und kommen so recht zügig voran, wobei ihr massiger Körper ihnen Auftrieb verleiht. Sie gehören zu den besten Schwimmern unter den Landsäugern und legen mühelos mehrere Kilometer schwimmend zurück. In Küstennähe lebende Elefanten planschen gern im Meer; andere versammeln sich in Seen oder Tümpeln, um herumzutollen, mit Wasser zu spritzen, sich auf die Seite zu werfen oder sogar auf den Rücken zu wälzen, sodass nur noch die Fußsohlen aus dem Wasser ragen. Auch Inseln vor der indischen Küste haben sie schon auf dem Wasserweg erreicht – gut möglich, dass ihre Vorfahren vor langer Zeit von Indien nach Sri Lanka geschwommen sind.

Oben: *Asiatische Arbeitselefanten bewegen sich problemlos von einer Insel zur anderen. Elefanten können durch strudelnde Gewässer waten oder auch zügig schwimmen, wobei ihre mächtigen Körper ihnen Auftrieb verleihen. 1989 erließ Thailand ein Verbot für kommerzielle Abholzungen – Tausende von Elefanten waren plötzlich arbeitslos. Manche Mahuts (Elefantenführer) gingen mit ihren Tieren nach Myanmar (Birma) oder in andere Länder, in denen Elefanten nach wie vor als Arbeitstiere eingesetzt werden.*

Folgende Doppelseite: *Ein Afrikanischer Elefant nimmt ein kühles Bad. Oft versammeln sich ganze Gruppen an Wasserlöchern, um ihren Durst zu stillen und ihre erhitzten Körper abzukühlen.*

Kontaktpflege mit Rüsseln und Trompeten

Der Rüssel spielt für das Sozialverhalten der Elefanten eine ungemein wichtige Rolle. Tiere, die sich kennen, begrüßen sich, indem sie ihre Rüssel umeinander schlingen – vergleichbar unserem Händeschütteln. Außerdem benutzen Elefanten ihre Rüssel für Schaukämpfe, zu Liebkosungen bei der Werbung und als wichtiges Element beim Dominanzverhalten: Der erhobene Rüssel dient als Warnung oder Drohung, der gesenkte Rüssel signalisiert Unterwerfung.

Die Augen der Elefanten sind im Verhältnis zum riesigen Kopf winzig und besitzen nur sehr wenige Fotorezeptoren. Daher können sie nur ein paar Dutzend Meter weit gut sehen. Ihr ausgezeichnetes Gehör ist für sie umso wichtiger. Elefanten kollern, brummen, brüllen, grunzen und geben laute Trompetensignale von sich. Außerdem erzeugen sie extrem tiefe Geräusche, die für das menschliche Ohr nicht wahrnehmbar sind. Die niederfrequenten Laute pflanzen sich wie die seismischen Wellen eines Erdbebens durch den Boden fort und ermöglichen es den Elefanten, ihre Position im Verhältnis zu ihren Artgenossen zu bestimmen, Herdenbewegungen zu koordinieren und andere Elefanten über ihr sexuelles und emotionales Befinden zu informieren.

Oben und rechts: *Diese innige Verknotung der Rüssel mit ihren vielen Tausend Muskeln ist eine übliche Begrüßung unter Elefanten, um ihre Verbindung und Freundschaft zu bekräftigen.*

Tatsächlich spielt sich der größere Teil der Kommunikation zwischen Elefanten im Infraschallbereich ab (dessen Frequenzen unterhalb des menschlichen Hörbereichs liegen). Diese Infraschallrufe können sich in einem Umkreis von bis zu 50 km^2 ausbreiten – in der Abenddämmerung, wenn die Temperaturen sinken und die Schallwellen zum Boden reflektiert werden, statt nach oben zu streuen, sogar bis zu 100 km^2.

Die Rüssel der Elefanten sind mit zahlreichen Schwingungssensoren ausgestattet, und ihre Gehirne scheinen selbst sehr schwache Signale noch verarbeiten zu können. Auch ihre Füße (und vielleicht sogar ihre Zehennägel) sind voller Sensoren, die auf Vibrationen der Bodenschichten reagieren und entsprechende Nervensignale ans Gehirn übermitteln. Nimmt man nun noch chemische Signale, Trompetenstöße und schrille Schreie hinzu, verfügen die Elefanten über ein umfangreiches Repertoire an Kommunikationsmöglichkeiten, das vielleicht mehr Ähnlichkeit mit einer richtigen „Sprache" hat, als uns bislang klar ist.

Oben und links: *Den Rüssel hoch in die Luft zu recken und hin und her zu schwenken, hilft den Elefanten, wichtige Gerüche zu deuten. Außerdem brauchen sie den Rüssel, um laut zu trompeten, wenn sie wütend, aufgeregt oder erschreckt sind – oder sich verirrt haben und ihre Gefährten suchen. Elefanten können auch schreien, kreischen, brüllen, kollern oder schnauben.*

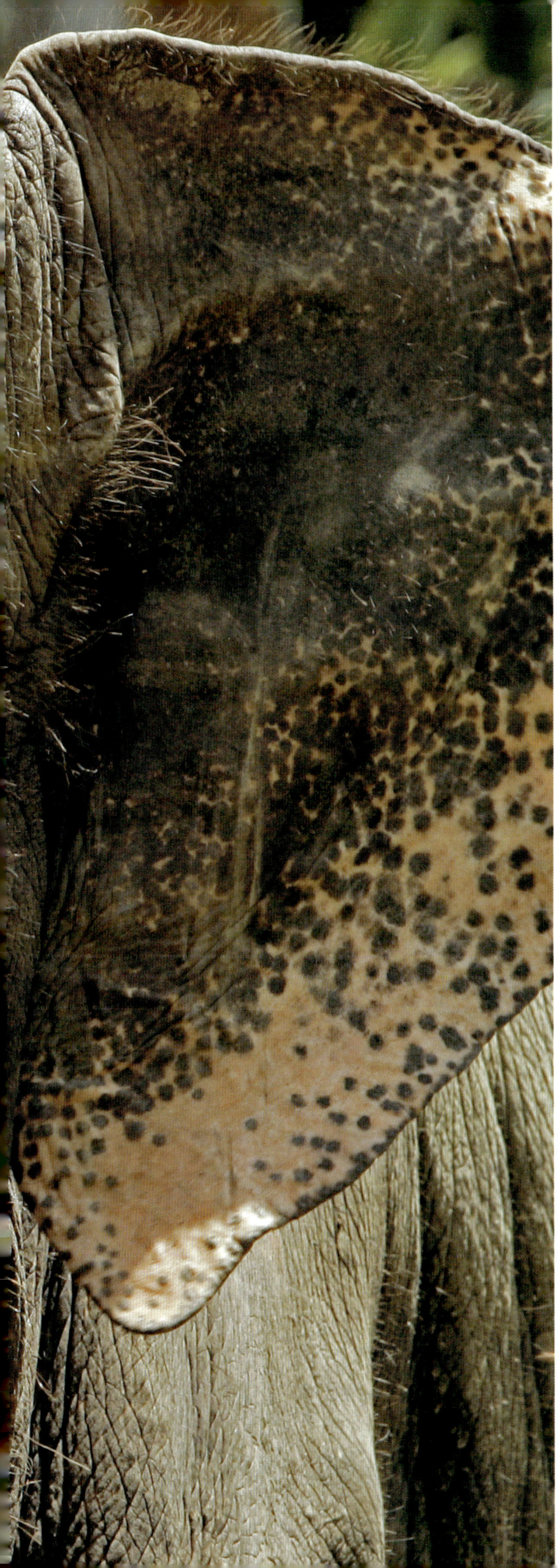

Der intelligente Elefant

Wenn Kommunikation ein Gradmesser für Intelligenz ist, dann sind Elefanten ganz sicher intelligent. Zudem gibt es außer dem Menschen nur wenige Arten, die emotional so stark auf Geburten und Todesfälle reagieren wie sie. Elefanten versammeln sich, um ein neugeborenes Kalb zu begrüßen, und trauern um verstorbene Verwandte. Sie drücken ihre Gefühle durch Mimik und auch durch ihre Ohren-, Kopf- und Körperhaltung aus. Sie gehen behutsam mit dem Körper oder den Knochen eines toten Artgenossen um. Wenn sie einen Ort passieren, an dem ein Gefährte gestorben ist, halten sie inne, um einige Schweigeminuten einzulegen. Sie trauern ganz offensichtlich – und scheinen eine Vorstellung von Leben und Verlust zu haben.

Wie die Elefantenexpertin Joyce Poole beobachtet hat, besitzen Elefanten ein „Ich-Bewusstsein": Sie erkennen ihr Spiegelbild in einem Teich und versuchen zum Beispiel, sich mit dem Rüssel einen Fleck von der Stirn zu wischen, den sie im Spiegel sehen. Wie Affen verwenden sie Werkzeuge: Die älteren Leitkühe bringen den Jungelefanten bei, wie sie sich mithilfe der Vegetation kratzen oder Fliegen von ihren Körpern verscheuchen können. Manchmal benutzen sie sogar abgerissene Zweige als Fliegenklatschen. Sie heben Stöcke, Knochen, Steine oder Baumstämme auf, um sie zu untersuchen, mit ihnen zu spielen oder sie um sich zu werfen. Ihr Sozialverhalten, ihre familiären Bindungen, ihre Gefühle und ihre Intelligenz sind für jeden offensichtlich, der das Glück hat, sie aus der Nähe zu studieren. Dies sind wirklich wunderbare, hochintelligente Geschöpfe.

Links: *Da wir heute mehr über die Kommunikation der Elefanten wissen, können wir auch ihre Intelligenz besser würdigen. Sie erzeugen vielerlei Laute, die unterhalb der menschlichen Hörschwelle liegen, aber kilometerweit tragen. Das Stampfen ihrer Füße und ihre tiefen Grolllaute pflanzen sich als seismische Wellen durch den Erdboden fort. Man geht davon aus, dass sie diese Schwingungen durch ihre Füße aufnehmen. Außerdem sind Elefanten berühmt für ihr bemerkenswertes Gedächtnis.*

Bei den Elefanten daheim

Ob Wald oder Waldrand, offene Savanne, Gebirgsregionen oder Wüstengebiete – die Heimat der wild lebenden Elefanten besteht aus Reststücken kostbarer, rapide schrumpfender Lebensräume. Während die sanften Riesen einst ungehindert umherwanderten, müssen sie heute in verstreuten Fragmenten ihrer früheren Territorien überleben. Trotz ihrer imposanten Statur und der enormen Faszination, die sie auf uns ausüben, sind diese bemerkenswerten Geschöpfe heute leider akut gefährdet.

Giganten in Gefahr

Noch vor wenigen Jahrhunderten durchstreiften die Afrikanischen Elefanten sämtliche Savannen und Wälder südlich der Sahara. Infolge der menschlichen Bevölkerungsexplosion wurden jedoch weite Savannen- und Waldgebiete des einstigen Elefantenterritoriums für die Landwirtschaft in Anspruch genommen. Die Lebensräume der Elefanten schrumpfen von Tag zu Tag: Es bleiben nur verstreute Fragmente – von menschlicher Besiedlung und landwirtschaftlicher Nutzung zersetzt.

Auch die Asiatischen Elefanten, einst von Syrien und dem heutigen Irak bis zum Gelben Fluss in Nordchina und den indonesischen Inseln verbreitet, sind heute nur noch von Indien bis Vietnam zu finden, abgesehen von einer kleinen südwestchinesischen Population in Gefangenschaft. Die ehemals riesigen Bestände sind auf kleine Grüppchen dezimiert, die in isolierten Restgebieten in der tropischen Savanne, in Regen- und Monsunwäldern sowie im Himalaja ihr Leben fristen.

Es ist unvermeidlich, dass Elefanten zuweilen die Grenzen ihrer Schutzgebiete überschreiten. Sie ziehen auf der Nahrungssuche weit umher und folgen traditionellen Wanderrouten. Das führt zu Konflikten zwischen Bauern und Elefanten, wenn die Dickhäuter auf ihrer unermüdlichen Futtersuche die Ernten zertrampeln. Auch die illegale Jagd nach Elfenbein und Elefantenfleisch fordert vor allem in Zentralafrika einen hohen Tribut – aber das gravierendste Problem ist der fortschreitende Verlust an Lebensraum.

Rechts: *Viele Faktoren bedrohen die Lebensweise und den Lebensraum der Elefanten: Forst- und Landwirtschaft, Bewässerungskanäle und Dämme sowie die Unterbrechung traditioneller Wanderrouten durch die Zersplitterung der angestammten Lebensräume.*

Manche Wissenschaftler betrachten die Elefanten heute als exemplarisch für allgemeine Fragen des effektiven Umwelt- und Naturschutzes und fordern Korridore, die solchen Großsäugern ungehinderte Wanderungen ermöglichen. Um die Routen zu ermitteln, haben sie Elefanten mit Funkhalsbändern ausgestattet.

1930 gab es in Afrika zwischen 5 und 10 Millionen Elefanten. 1973 war ihre Zahl auf 1,3 Millionen gesunken. 1989, als nur noch rund 600000 Tiere übrig waren, also weniger als 10% des ursprünglichen Bestands, wurden sie auf die internationale Liste der am stärksten gefährdeten Arten gesetzt.

In Asien gibt es heute nur noch 30000 bis 40000 wild lebende Elefanten, die meisten davon in Indien. Dazu kommen rund 16000 domestizierte Elefanten, die vor allem in der Forstwirtschaft eingesetzt werden. Die Asiatischen Elefanten waren nie so zahlreich wie ihre afrikanische Verwandtschaft und sind heute noch stärker gefährdet als diese.

Oben: *Am Waldrand äsende Elefanten*

Links: *Der Amboseli-Nationalpark war Kenias erstes Wildreservat. Zu seinen größten Attraktionen gehören der schneegekrönte Kilimandscharo und seine vielfältige Tierwelt. Da die Elefanten im Amboseli vor Großwildjägern und Wilderern geschützt sind, nimmt ihre Zahl hier seit den 1970er-Jahren langsam wieder zu.*

Folgende Doppelseite: *Diese Elefanten plantschen mit den Füßen im kühlen Nass, während sie ihre körpereigenen Wasservorräte auffüllen. Der Körper eines Elefanten besteht zu erstaunlichen 70 % aus Wasser.*

Lebensräume

Die Mehrzahl der Asiatischen Elefanten lebt in dichten, schattigen Wäldern, durch die sie sich ihre Wege bahnen; andere durchstreifen die offenen Graslandschaften, Feuchtgebiete und Savannen Asiens. Wieder andere leben in Gefangenschaft, wo ihr Lebensrhythmus von ihren menschlichen Pflegern bestimmt wird.

Die Afrikanischen Elefanten leben vorwiegend in den ostafrikanischen Ebenen. Einige Gruppen haben sich westwärts in die Wälder Zentralafrikas ausgebreitet; andere bewohnen kleine, verstreute Reviere noch weiter westlich. Diese Elefanten durchstreifen die Rand- und Ufergebiete von Wäldern, Sümpfen und Flüssen, doch die bei Weitem größere Zahl lebt in der offenen Savanne – Grasland mit vereinzelten Sträuchern und Bäumen, das beiderseits des Äquators einen breiten Vegetationsgürtel zwischen tropischem Regenwald und Wüste bildet. Hier richtet sich ihr Lebensrhythmus nach den Trocken- und Regenzeiten, von Phasen mit reichlichem Wasser- und Futterangebot bis zu Zeiten, in denen das Lebensnotwendige knapp wird. Wälder gibt es hier nicht, weil in der Trockenzeit zu wenig Regen fällt. Es bleibt das ganze Jahr über warm, von der sehr langen (und etwas kühleren) Trockenzeit bis zum extrem nassen Sommer, wenn die aufsteigende heiße, schwül-feuchte Luft auf die kühlere Luft in höheren Schichten trifft und tief hängende Wolken bildet, die sich in Regenschauern entladen. Die ostafrikanischen Savannen, etwa in Kenia und der Serengeti, sind mit Schatten spendenden Akazien durchsetzt.

Die Afrikanischen Waldelefanten *(Loxodonta africana cyclotis)* leben in geringerer Zahl in den dichten Regenwäldern des Kongobeckens unmittelbar am Äquator, wo es sehr warm und feucht ist. Auch die Asiatischen Elefanten sind überwiegend Waldbewohner und halten sich am liebsten im Schatten der verschiedenen Waldgebiete Südostasiens auf, zu denen dornige Trockenwälder, Überflutungsebenen und Tropenwälder gehören.

Außerdem sind Elefanten an Gebirgshängen unterhalb der Schneegrenze anzutreffen.

Rechts: *Elefantentrio in Grasland mit lichtem Strauch- und Baumbewuchs. Diese Vegetarier ernähren sich von 100 bis 500 Pflanzenarten, darunter Gräser, Bäume, Ranken und Sträucher.*

Durch die Wüste

Andere Afrikanische Elefanten sind dagegen in den ausgedörrten Wüstenregionen des westlichen Niger und der namibischen Etoschapfanne zu Hause, wo sie nur in den dichten Tamarisken- und Akaziendickichten entlang der Flussbetten etwas Schatten finden. Sie haben sich dieser unwirtlichen Umgebung angepasst, indem sie mit ihrer Energie haushalten und sparsam aus nur gelegentlich Wasser führenden Flüssen trinken – manchmal stillen sie ihren Durst nur an jedem dritten oder vierten Tag. In der Regenzeit konzentrieren sie sich auf den reichlichen Graswuchs, sodass die Gehölze sich erholen können, bevor die Elefanten sie in der Trockenzeit wieder abäsen.

Diese Elefanten brechen zwar auch Äste von den Bäumen, sind dabei aber nicht so zerstörerisch wie die Wald- oder Steppenelefanten. Sie fällen nur selten ganze Bäume oder entrinden sie komplett. Außerdem bilden die zertrümmerten Äste oder gefällten Bäume, die sie zurücklassen, oft eine Art Gehege, in dem Graspflanzen vor der sengenden Sonne und den trampelnden Hufen anderer äsender Tiere geschützt gedeihen. Die Samen mancher Bäume, wie etwa der Akazien, keimen sogar besser, wenn sie vorher den Verdauungstrakt der Elefanten passiert haben: Die Enzyme der Verdauungssäfte weichen oder brechen den harten äußeren Samenmantel auf, sodass die mit dem Kot der Tiere ausgeschiedenen Samen Feuchtigkeit aufnehmen können.

Links: *Angesichts der immensen Weite der namibischen Wüste trottet diese Herde erstaunlich nah an den verstreuten Hütten eines Himbadorfs in Kaokoland vorbei.*

Rechts: *Auf dem Marsch durch das vertrocknete Gras bleiben die Jüngsten auf Schritt und Tritt im Schutz (und Schatten) der Alttiere.*

Folgende Doppelseite: *Zebras als Schaulustige am Weg einer durch die afrikanische Savanne ziehenden Elefantenherde. In der Regenzeit besteht die Nahrung der Elefanten zu über 50 % aus frischem Gras. Wenn dieses von der unbarmherzigen Sonne ausgedörrt wurde, halten sie nach Früchten Ausschau und äsen Sträucher ab.*

Umgestaltung des Lebensraums

Elefanten verändern die von ihnen bewohnte Landschaft erheblich, indem sie Wege bahnen, Bäume entasten oder entwurzeln, dichtes Gestrüpp auflockern, Salzlecken anlegen und Wassertümpel graben. Das ist kein reines Zerstörungswerk, denn sie schaffen so auch die Voraussetzungen, durch die sich Graslandschaften erst entwickeln können. Andere, kleinere Tiere sind auf die Schneisen angewiesen, die Elefanten durch Wald und Busch schlagen – sogar die Menschen nutzen ihre Trampelpfade mitunter als Straßenbetten. Und viele Tiere stillen ihren Durst an den lebenswichtigen Wasserlöchern, die die Elefanten gegraben haben.

Deshalb werden die Elefanten auch als „Schlüsselspezies" bezeichnet, was bedeutet, dass sie im Verhältnis zu ihrer Zahl einen unverhältnismäßig starken Einfluss auf ihre Umwelt nehmen. Sie können den Lebensraum, in dem sie – und andere Arten – sich aufhalten, völlig umgestalten.

Oben: *Elefanten lassen sich alle möglichen Teile eines Baums schmecken: Zweige, Rinde, Blüten, Früchte und Blätter. Dazu reißen sie oft ganze Äste ab, indem sie sie mit dem Rüssel umschlingen und loshebeln.*

Rechts: *Elefanten wirken stark auf ihre Umwelt ein. So zerstörerisch es aussehen mag, wenn sie ganze Bäume entwurzeln, erleben viele Gräser, Jungpflanzen und Schösslinge durch das nun ungehindert einfallende Sonnenlicht einen Wachstumsschub. Elefanten sind unentbehrlich für das ökologische Gleichgewicht und den Erhalt der Graslandschaften.*

Die Silhouette eines Baums, in dessen dornigem Blätterdach ein großer Vogel thront. Elefanten suchen im Schatten der breitkronigen Schirmakazien oft Schutz vor der grellen Sonne. Als Gegenleistung helfen sie dem Baum bei der Verbreitung, indem sie die Samenkapseln verzehren und mit der Verdauung – irgendwo – wieder ausscheiden. Nach Durchlaufen des Verdauungstrakts finden die Akaziensamen im warmen Kot der Elefanten ein nährstoffreiches Substrat zum Keimen.

Nahrungssuche

Ein so schweres Tier hat natürlich einen gewaltigen Appetit und braucht einen entsprechend riesigen Lebensraum. Elefanten verbringen bis zu 18 Stunden pro Tag mit Fressen oder der Suche danach. Sie verbrauchen enorme Mengen an Energie und benötigen ständigen Nahrungsnachschub, um ihren Kalorienbedarf zu decken, zumal sie nur rund 40% ihrer Nahrung verwerten können. Oft müssen sie viele Kilometer zurücklegen, um für alle Herdenmitglieder genug Futter zu finden. Tag für Tag fressen sie sich, ewig hungrig, durch ausgedehnte Gras-, Baum- und Strauchlandschaften und verbringen mehr als drei Viertel ihrer wachen Zeit damit, die saftigsten Blätter von Bäumen und Sträuchern zu rupfen und dazu Gras, junge Triebe, kleine Äste und Zweige, Dornen, Rinde, Früchte und Schoten, Knospen und Blüten, Samen, Wurzeln, Zwiebeln und Knollen zu verspeisen – und Baumsäfte zu trinken.

In ihrer energischen und mitunter etwas übereifrigen Art entwurzeln und verstreuen sie oft genauso viel, wie sie fressen. Doch obwohl die Elefanten gelegentlich Bäume abknicken, um an die zarten Leckereien oben in der Spitze zu gelangen, sind sie auch durchaus imstande, sanft und zielgenau eine einzelne Beere von einem Ast zu pflücken.

Oben und rechts: *Elefanten verbringen einen großen Teil ihres Tages mit Fressen. Zu ihrer abwechslungsreichen Kost gehören etwa Gras, Blüten, Wurzeln, Zwiebeln und Sprossen sowie verschiedene Teile von Bäumen – auch die Rinde, die sie mit lebenswichtigen Mineral- und Nährstoffen versorgt.*

Manchmal setzen sie ihren großen Kopf und massigen Körper ein, um Bäume nach unten zu biegen und an die von ihnen bevorzugten Blätter der obersten Zweige heranzukommen, die besonders zart schmecken. Wenn sie Äste abbrechen, profitieren auch kleinere Säugetiere von den Resten der für sie sonst unerreichbaren saftigen Baumspitzen.

Gras können die Elefanten am leichtesten verdauen, aber ein abwechslungsreicherer pflanzlicher Speisezettel garantiert ihnen eine ausgewogenere Ernährung. Es kann passieren, dass ihnen bei ihren störrischen Bemühungen, Wurzeln aus hartem Untergrund auszugraben oder einen Baum umzuwerfen, schon mal die Stoßzähne abbrechen. Daher sind die Elefantenbullen mit den längsten und imposantesten Stoßzähnen paradoxerweise oft die sanftmütigsten, die am wenigsten dazu neigen, ihre Aggressionen in Kämpfen oder an Bäumen abzureagieren.

Elefanten nehmen im Durchschnitt 100 bis 200 kg Grünfutter pro Tag zu sich (bei unbegrenztem Nahrungsangebot hat ein Bulle schon 360 kg vertilgt). Im Verhältnis zu ihrem Körpergewicht fressen sie damit aber weniger als Mäuse. Außerdem brauchen sie große Wassermengen, sowohl um ihren Durst zu löschen als auch zum Baden. Im heißen Klima ihres Lebensraums müssen sie täglich um die 150 bis 200 l Wasser trinken.

Elefanten bleiben auf der Suche nach den lebenswichtigen Nahrungs- und Wasserquellen ständig in Bewegung. Noch vor nicht allzu langer Zeit zogen sie je nach Jahreszeit auf angestammten Wanderrouten unbehindert von einem Lebensraum zum anderen, doch heute führen diese traditionellen Wege teils durch ungeschützte Gebiete, in denen ihnen Gefahren drohen. Außerdem haben sich einige pfiffige Elefanten in isolierten Waldgebieten, die nicht mehr genug Nahrung für sie hergeben, darauf verlegt, benachbarte Dörfer zu überfallen, um dort die saftigen Obst- und Gemüseernten zu plündern – was ein böses Ende nehmen kann, wenn die erbosten Dorfbewohner Jagd auf sie machen.

Oben: *Elefanten entrinden und entwurzeln Bäume und reißen Pflanzen oft komplett aus, statt sie nur abzugrasen. Wenn sie eine Gegend ausreichend verwüstet haben, wandern sie weiter. Durch den geschrumpften Bewegungsraum der Elefanten bleibt der Natur heute oftmals zu wenig Zeit, um sich nach ihrem Durchzug durch neuen Pflanzenwuchs zu regenerieren.*

Linke Seite: *Elefanten stellen sich mitunter auf die Hinterbeine, um die Baumspitzen abzuäsen, und schrecken auch nicht davor zurück, einen Baum ganz umzuwerfen. Diese Herde etwa hat eine Akazie völlig vernichtet.*

Oben: Der Elefantenrüssel kann empfindliche Blätter und Früchte ganz sanft vom Baum pflücken. In Waldgebieten bewegen sich Elefanten relativ langsam voran und legen pro Tag nur rund 5 km zurück, derweil sie die verfügbaren Pflanzen und appetitliches Laub abweiden. Dieses Tier hat einen Stoßzahn verloren – vielleicht beim gewaltsamen Entwurzeln eines Baums.

Links: Weil die Elefanten heute in so kleine Reviere gepfercht sind, kann die Regenerationsfähigkeit der Vegetation oft nicht mit dem Zerstörungstempo der Elefanten Schritt halten.

Folgende Doppelseite: Elefantenrüssel sind ausgesprochen vielseitige Ernte- und Fresswerkzeuge. Elefanten, die in Übergangszonen zwischen Wald und Grasland leben, verbringen den heißesten Teil des Tages im Schatten der Bäume und kommen erst zum Weiden ins Grasland hinaus, wenn die Temperaturen sinken.

Elefantendung

Von den 150 bis 200 kg Grünfutter, die ein Elefant am Tag zu sich nimmt, verwandelt er rund 80 % in fruchtbaren Dung. Elefanten setzen rund 18-mal täglich Kot ab, etwa einmal pro Stunde. Über 50 % ihrer Nahrung kommen unverdaut am anderen Ende wieder heraus, und viele andere Tiere (verschiedene Vögel und Säugetiere, Insekten, Paviane und andere Affen) finden in diesem Dung noch verwertbares Futter. Sie folgen den Elefantenkolonnen und durchwühlen ihre Hinterlassenschaften nach Samen und Nüssen.

Auch Fliegen, Käfer und Würmer nähren sich vom Mist der Elefanten. Vor allem Mistkäfer haben ihre helle Freude an frischen „Elefantenäpfeln". Wissenschaftler haben in einem einzigen Klumpen über 7000 von ihnen gezählt. Die Käfer schaufeln sich den Dung ins Maul, pressen ihn aus, schlucken den Saft, pressen den Rest erneut und schlucken auch die festen Bestandteile. Manche Mistkäfer finden in den appetitlichen Haufen nicht nur das Material für ihre Brutbauten, sondern gehen hier auch auf Brautschau. Das Männchen offeriert dem Weibchen eine riesige Dungkugel – wenn sie annimmt, rollen sie diese gemeinsam fort, oder das Weibchen reitet oben auf der Kugel. Oft versuchen andere Käfer, die wertvolle Kugel zu entführen. Wenn sie erst einmal sicher vergraben ist, legt das Weibchen ein Ei hinein und bewacht die Kugel und später ihre Larve.

Während manche der Käfer Rindermist bevorzugen, gibt es rund 100 Mistkäferarten, die ihre Brutbauten mit Vorliebe oder ausschließlich mit Elefantendung errichten und so den Boden säubern – und mit Dünger versorgen. Auch Termiten befördern Teile der Elefantenexkremente unter die Erde und helfen damit, den Boden zu belüften und mit wertvollen Nährstoffen zu düngen. Dieser hervorragende und reichlich verfügbare Dünger steckt voller Nährstoffe zur Verbesserung magerer Böden.

Oben links: *In einigen Ländern stellt man Papierprodukte aus dem faserreichen Elefantendung her.*

Oben rechts: *Manche Mistkäfer legen ihre Eier in Elefantendung ab. Das Männchen bietet seiner Partnerin eine riesige Dungkugel an, die sie dann gemeinsam wegrollen.*

Linke Seite: *Forscher sehen einen Zusammenhang zwischen der Kotmenge, die ein Elefant produziert, und der Niederschlagsmenge der vorangegangenen zwei Monate bzw. dem daraus resultierenden Nahrungsangebot.*

Wohlfühlfaktoren

In Afrika und Asien kann es sehr heiß werden, und so kühlen sich die Elefanten genussvoll in Seen oder Flüssen ab, wann immer sich die Gelegenheit bietet. Sie können Wasser über 9 km weit riechen und legen auf der Suche nach dem lebenswichtigen Nass weite Strecken zurück. Wenn die heiße Jahreszeit den Boden ausdörrt, kommen sie notfalls aber auch fast zwei Wochen lang ohne Wasser aus. Elefanten saugen das Wasser mit dem Rüssel auf und bespritzen sich, nachdem sie genug getrunken haben, mit Wasser und Schlamm und duschen auch ihre Kälber ab. Manchmal hat man den Eindruck, dass sie einfach nur ihrem Spieltrieb folgen. Jedenfalls wirken sie wie neugeboren, wenn sie sich ausreichend erfrischt haben. Wasser ist wichtig, um die Elefanten vor Überhitzung zu schützen, da sie kaum Schweißdrüsen haben, die durch kühlende Schweißabgabe zur Regulierung der Körpertemperatur beitragen könnten.

Alt- und Jungtiere tollen und spielen im Wasser, planschen und spritzen, wälzen sich im seichten Wasser oder gehen im tieferen Wasser komplett auf Tauchstation. Wenn sie sich zum Abkühlen im weichen Schlamm gewälzt haben, trocknet dieser später auf der Haut an und bildet eine Schutzschicht gegen die sengende Sonne und Insektenstiche. Selbst in ausgedörrten Wüstengebieten machen die Elefanten kostbare Wasserreserven ausfindig, indem sie mit Stoßzähnen und Rüsseln in ausgetrockneten Flussbetten nach dem lebensnotwendigen Wasser graben. Sie geben das Wissen um solche Wasserstellen von Generation zu Generation weiter.

Oben und unten: *Ein junger Afrikanischer Elefant kühlt sich im schlammigen Wasser ab. Später schützt die angetrocknete Schlammschicht seine Haut vor der Sonne und lästigen Insekten. Erst wenn die Schlammkruste richtig durchgetrocknet ist, fällt sie wieder ab – und mit ihr eine ganze Anzahl blutsaugender Zecken.*

Rechts: *Elefanten können Wasser kilometerweit riechen. Sie müssen häufig baden, nicht nur, um sich abzukühlen, sondern auch, um Krankheiten übertragende Parasiten abzuwaschen.*

Zwischendurch nehmen Elefanten auch Staubbäder und sprühen Staub über ihre juckenden Rücken, um die lästigen Insekten zu vertreiben. Ihre Haut ist außerdem erstaunlich sonnenempfindlich und muss mit Schlamm und Staub vor Sonnenbrand und Blutsaugern geschützt werden. Die Farbe der Schlammbäder, in denen sie sich suhlen, verleiht ihnen unterschiedliche Tönungen – mal schwarz, mal gelb oder auch rostrot wie im Tsavo-Nationalpark in Kenia.

Außerdem wedeln sie beständig mit den Ohren, um die Blutzirkulation zu unterstützen und so ihre Körpertemperatur zu senken. Der Asiatische Elefant hat vermutlich kleinere Ohren, weil er sich mehr im Schatten aufhält und nicht

so große Hautlappen als „Wärmetauscher" benötigt wie sein afrikanischer Verwandter.

Die zahlreichen Runzeln der Elefantenhaut vergrößern die Hautoberfläche, die beim Baden das Wasser aufsaugt; außerdem speichern die Falten auch nach Verlassen des Wassers kostbare Feuchtigkeit.

Oben: *Zwei Dickhäuter schwelgen im erfrischenden Wasser und spülen sich den Staub von der Haut.*

Folgende Doppelseite: *Ein asiatischer Arbeitselefant watet durch tiefes Wasser. Baden und Planschen gehören auch bei den Arbeitselefanten zum täglichen Ritual.*

Oben: *Dieser Elefant hat sich eine mächtige Staubwolke über den Rücken gepustet. Staubschichten oder Schlammpackungen schützen vor Sonnenbrand und beißenden oder stechenden Insekten. Am Wasserloch folgt auf das Trinken oft ein Schlammbad mit abschließendem Staubbad.*

Rechts: *Ein Elefant wirbelt mit einem Schwenk seines Rüssels den Staub auf, saugt ihn in den Rüssel, hebt den Rüssel über den Kopf und bläst sich eine Staubfontäne über den Rücken. Diese zusätzliche Schutzschicht ist in Regionen ohne Schatten besonders wichtig.*

Folgende Doppelseite: *Der Tsavo-Nationalpark ist bekannt für seine legendären „roten Elefanten" – der dortige orangefarbene Staub verleiht den Elefantenherden eine prachtvolle Rostrottönung.*

Oben: Elefanten graben in der Trockenzeit nach Wasserreserven und legen Quellen frei, die unter ausgetrockneten Flussbetten und im Sandboden sprudeln. Diese neu angelegten Wasserlöcher sind für das ganze Ökosystem von immenser Bedeutung – nicht nur für die Elefanten selbst.

Rechts: Elefanten brauchen auch Wasser, um Überhitzung zu vermeiden. Sie suhlen sich gern im seichten Wasser. Diese Herde watet durch einen Fluss auf Sri Lanka.

Folgende Doppelseite: Eine Familiengruppe stillt ihren Durst. Im offenen Gelände muss die Herde stets darauf achten, ihre Jungtiere vor Angriffen durch Krokodile, Löwen und Hyänen zu schützen.

Oben: *Ein Elefant spritzt sich mit dem Rüssel, der 5 bis 10 Liter auf einmal aufnehmen kann, Wasser ins Maul. Dabei neigt er den Kopf etwas zur Seite, damit das erfrischende Nass besser in den Schlund fließen kann. Der extrem bewegliche Rüssel besteht aus über 40 000 Muskeln.*

Links: *Der Rüssel ist so biegsam wie ein Gartenschlauch, denn er besteht nur aus Muskeln und Sehnen, ohne einen einzigen Knochen. Elefanten können ganz verschiedene Laute erzeugen, indem sie ihre Nasenöffnungen – ähnlich unseren Stimmbändern im Kehlkopf – weiten oder verengen.*

Salz und andere Mineralstoffe

Die Pflanzen, von denen sich die Elefanten ernähren, enthalten nicht alle benötigten Mineralstoffe in den Mengen, die für ihre Gesundheit erforderlich sind. Wie Hirsche und andere Pflanzenfresser suchen die Elefanten deshalb sogenannte „Salzlecken" auf – Stellen, an denen der Boden die nötigen Salze enthält, die in der Nahrung fehlen – und graben dort nach den lebenswichtigen Elementen zur Ergänzung ihrer Kost. Der Begriff „Salzlecke" ist in diesem Fall allerdings irreführend, da die Elefanten das Salz nicht auf*lecken* können – ihre Zungen sind nicht lang genug, um an Rüsseln und Stoßzähnen vorbeizureichen. Stattdessen schaufeln sie das Salz mit ihren Stoßzähnen (die sich mit der Zeit zu Stümpfen abwetzen können) aus dem Boden und nehmen es mit ihren Rüsseln auf. Dann zermahlen sie die Klumpen mit ihren mächtigen Backenzähnen, bevor sie sie hinunterschlucken.

Oben: *Elefanten sind gesellige Geschöpfe, die sich zum Fressen, Trinken, Waschen und Schwimmen versammeln. Manchmal kommen sie auch an Salzlecken zusammen, um ihren Mineralhaushalt auszugleichen.*

Rechts: *Diese Waldelefanten graben an einer Wasserstelle auf der Dzanga-Bai-Lichtung im Dzanga-Ndoki-Nationalpark (Zentralafrikanische Republik) mit Stoßzähnen und Rüsseln nach mineralstoffreichem Schlamm. Man vermutet, dass der Schlamm nicht nur als Nahrungsergänzung dient, sondern auch Toxine neutralisiert.*

Elefanten graben sogar in Höhlenwänden nach Mineralien. Am Mount Elgon in Kenia wurden Elefanten beobachtet, die sich ungeachtet tiefer Spalten und Felshaufen durch absolute Finsternis tasteten – ständig in Gefahr, von lauernden Hyänen oder Leoparden angefallen zu werden. Sie suchten sich den Weg zu Stellen, an denen das Vulkangestein der Höhlenwände besonders mineralstoffreich ist. So sind hier die Natriumionen in hundertfach höherer Konzentration zu finden als in den Pflanzen, die sie verzehren. Scheinbar ist die Mineralstoffausbeute umso besser, je tiefer sie in die Höhle vordringen. Neuere Forschungen deuten darauf hin, dass die Exkremente der Flughunde, die in den Tiefen der Höhle wohnen, mit dem Felsgestein des Höhlenbodens reagieren und eine besonders mineralstoffreiche Kruste bilden.

Oben: *Drei Afrikanische Elefanten an einer Wasserstelle. Wenn das Wasser in der Trockenzeit knapp wird, graben die Elefanten nach unterirdischen Quellen.*

Links: *Afrikanische Elefanten gönnen sich eine Erfrischungspause in einem seichten Tümpel. Je länger sich die Trockenzeit hinzieht, desto spärlicher wird das Wasserangebot, bis Freund und Feind gezwungen sind, sich an denselben Stellen zum Trinken und Baden zu versammeln. Manche Wasserlöcher trocknen völlig aus.*

Oben: *Afrikanische und Asiatische Elefanten suchen natürliche Quellen lebenswichtiger Mineralstoffe, etwa Natrium, auf. Dieser Elefant ist mit weißem Salzstaub bedeckt.*

Rechts: *Elefanten brauchen nicht nur Wasser, sondern auch Mineralien und besuchen sogenannte Salzlecken, um ihre übliche Pflanzenkost zu ergänzen. Es ist wissenschaftlich noch nicht erwiesen, aber Elefantenkühe scheinen mitunter mehr Zeit an Salzlecken zu verbringen – vielleicht um einen erhöhten Nährstoffbedarf während der Trag- oder Stillzeit zu decken.*

Folgende Doppelseite: *Elefanten betrachten ihr Spiegelbild in einem Tümpel. Wir wissen heute, dass Elefanten sich im Spiegel erkennen können – eins der ausgesprochen seltenen Beispiele von Ich-Bewusstsein in der Tierwelt.*

Eine Heimat mit Zukunft

Je mehr wir über die Elefanten erfahren, desto dringlicher erscheint es, diese intelligenten Lebewesen vor dem Aussterben zu retten und uns mit ganzer Kraft für sie einzusetzen. Wenn wir uns weiterhin an ihren vielen Eigentümlichkeiten erfreuen und diesen Planeten mit ihnen teilen wollen, müssen wir nicht nur die Zukunft der Tiere selbst sichern, sondern auch die Gebiete, in denen die grauen Riesen leben und sich vermehren. Wir müssen das ökologische Gleichgewicht ihrer Umwelt erhalten und dafür sorgen, dass der Elefant in dieser Welt auch in Zukunft nicht nur ein dürftiges Asyl, sondern eine lebenswerte Heimat findet.

Oben und rechts: *Elefanten sind ganz besondere Geschöpfe. Natürlich ist jede Tierart etwas Besonderes, aber der Elefant ist wirklich einmalig und unvergleichlich, nicht nur aufgrund seiner imposanten Größe und Erscheinung, sondern auch seiner Sensibilität und Intelligenz wegen.*

Die Herde

Die Herde besteht normalerweise aus etwa 8 bis 15 **Elefantenkühen** und ihren Kälbern, wobei die älteste, größte und dominanteste Kuh die **Leitung** übernimmt. Diese strenge, aber gütige **Matriarchin** wacht über alle Mitglieder ihrer Gruppe. Bis auf die männlichen **Elefantenkälber**, die die **Herde** verlassen, wenn sie das Erwachsenenalter erreichen, bleibt die Herde lebenslang zusammen und bildet eine eng verbundene **Gemeinschaft**.

Lernfähigkeit und Erfahrung

Die Elefanten haben von allen Säugetieren, mit Ausnahme des Menschen, das im Verhältnis zum Körpergewicht größte Gehirn. Das Gehirn eines Elefanten wiegt rund 5 kg. Auch Wale sind bekanntlich sehr intelligent, aber obwohl ihre Körper um etwa das 25-fache größer sind als die der Elefanten, ist das Gehirn des Blauwals (5–7 kg) nur unwesentlich größer.

Die größten Gehirnareale des Elefanten sind für das Hören, Riechen und die Bewegungskoordination zuständig. Ein weiterer bedeutender Abschnitt verarbeitet die Signale, die Elefanten über ihre hochempfindlichen Rüssel aufnehmen. Der Schläfenlappen (der als Hör- und Sprachzentrum dient) ist im Verhältnis wesentlich größer als bei Delfinen oder Menschen – denn natürlich ist gute Kommunikation innerhalb der Herde auch lebenswichtig.

Das Gehirn des Elefanten wächst weiter, während es lernt und sich entwickelt. Außer bei den Primaten hat das Gehirn der meisten Säugetiere zum Zeitpunkt der Geburt bereits 90% seines späteren Erwachsenengewichts. Das menschliche Gehirn dagegen hat bei der Geburt erst ein Fünftel seines Erwachsenengewichts. Es wächst in den ersten fünf Lebensjahren noch erheblich und entwickelt sich weiter, während sein Träger neue Verhaltensweisen erlernt. Außerdem steigt die Verbindung der Synapsen (Kontaktstellen) im Wachstum exponentiell, die neurale Geschwindigkeit erhöht sich.

Rechts: *Die Sicherheit der Herde bietet den notwendigen Schutzraum für die lange Entwicklungsperiode, in der die wehrlosen Jungtiere alles lernen, was ein Elefant können muss.*

Das Gehirn eines Elefantenbabys hat nur 75% des Erwachsenengewichts – also bei Weitem nicht so viel Entwicklungsspielraum wie das menschliche Gehirn, aber doch viel mehr als bei den meisten anderen Säugetieren. Schon diese Zahlen lassen darauf schließen, dass der Elefant während seiner Entwicklung von der Geburt bis zum Erwachsenenalter erhebliche Lernprozesse durchläuft.

Sein großes Gehirn macht es dem Elefanten möglich, das Riesenrepertoire an Fähigkeiten und Kenntnissen zu entwickeln, das er als vollwertiges Mitglied des „Herdenteams" benötigt – Spielfreude, Gefühlsreaktionen wie Trauer, artistisches Geschick, Ich-Bewusstsein, ein gutes Gedächtnis, Werkzeuggebrauch und vieles mehr. Der Elefant kommuniziert mit seinen Artgenossen durch Gerüche und ein großes Spektrum unterschiedlicher Laute und Berührungen.

Links und oben: *Die liebevoll behüteten Jungelefanten verkörpern die Zukunft der Herde. Sie kommen mit 10 bis 15 Jahren in die Pubertät und sind mit ungefähr 20 Jahren erwachsen. Den Höhepunkt ihrer geistigen Leistungsfähigkeit erreichen sie mit 30 bis 45 Jahren.*

Eine matriarchalische Gesellschaft

Elefanten leben in einer komplexen matriarchalischen Gesellschaft. Die Größe der Herden schwankt zwischen 5 und 30 Tieren, aber die meisten Herden umfassen etwa 8 bis 15 Familienmitglieder unterschiedlicher Größen und Altersstufen unter der Leitung einer dominanten Elefantenkuh – meist der größten und ältesten. Bis auf die männlichen Kälber ist dies eine rein weibliche Gesellschaft, eine eng verbundene Gemeinschaft auf Lebenszeit unter der Leitung einer strengen, aber gütigen Matriarchin, die über die ganze Herde wacht. Wenn sich ein Herdenmitglied verlaufen hat und Notsignale aussendet, ist es die Leitkuh, die antwortet. Sie ist die bestimmende Großmutter, die alle Entscheidungen für die Familie trifft und kaum mit Widerstand zu rechnen hat. Anders als in manchen männlich dominierten Tiergesellschaften duellieren sich die Elefanten-Leitkühe nur selten untereinander.

Drei oder vier Generationen von Elefantenkühen (nebst Kälbern) verbringen ihr gesamtes Leben gemeinsam in der vertrauten Familiengruppe, die sich in zwei Untereinheiten gliedert: die der säugenden Kühe mit ihren Kälbern und die der nicht säugenden Kühe und entwöhnten Kälber.

Miteinander verwandte Gruppen (Sippenverbände) entfernen sich nicht allzu weit voneinander und versammeln sich regelmäßig zu Großfamilientreffen – etwa an einer Wasserstelle. Sie kommunizieren rege und schließen sich bisweilen zu größeren Gruppen zusammen. Gelegentlich schließen sie sich sogar zu Sippenverbänden von über 200 Tieren zusammen, etwa im Fall äußerer Bedrohungen. Vor allem in der Regenzeit bilden Elefanten mitunter riesige „Superherden" und kommunizieren dabei durch niederfrequente Laute, die über weite Entfernungen tragen.

Rechts: *Die Leitkuh trifft alle Entscheidungen und führt die Herde bis zum Alter von 55 oder 60 Jahren. Sie kennt die Umwelt und die Wanderrouten der Herde, ist jederzeit vor Gefahren auf der Hut und nicht nur eine starke, weise Anführerin, sondern auch ein unschätzbarer Wissensträger.*

Oben: *Bei Gefahr scharen sich die Elefanten schützend um ihre Kälber. Die Leitkuh trifft dann die Entscheidung, der Bedrohung entgegenzutreten oder führt die dicht gedrängte Herde in Sicherheit.*

Die Stabilität und Identität dieser Gruppen ist je nach Umweltbedingungen und/oder Bedrohungen variabel. Familiengruppen tun sich immer wieder mit anderen, vermutlich verwandten Familieneinheiten zusammen, wobei alle Jungelefanten miteinander spielen und dadurch nicht nur dazulernen, sondern zugleich enge Bindungen zu gleichaltrigen Kälbern und deren Familiengruppen knüpfen.

Die weisen alten Matriarchinnen kennen ihren Lebensraum besser als jüngere Leitkühe und führen die erfolgreichsten Herden an, wobei sie stets vor Gefahren auf der Hut sind. Außerdem können sie die Rufe bekannter Herden besser deuten, was viel Zeit spart und potenzielle Konflikte

vermeidet, wenn andere Elefanten „zu Besuch" kommen. Wenn eine ältere, erfahrene Leitkuh vorzeitig stirbt, verliert die Herde ein gewaltiges Wissensreservoir und die unschätzbaren Fähigkeiten einer Führungspersönlichkeit, die bis dahin Richtung und Tempo der Gruppe vorgegeben hat.

Irgendwann wird aber selbst die weiseste Leitkuh zu alt, um die Herde weiterhin erfolgreich führen zu können (normalerweise mit 55 bis 60 Jahren). Dann nimmt ihre Stellvertreterin, die zweitälteste Kuh der Herde, deren Platz ein. Auch eine kranke oder verletzte Leitkuh kann abgelöst werden. Ist die Zeit ihrer Herrschaft vorbei, verlässt sie die Herde oder wird zurückgelassen.

Oben: *Elefantenmütter bleiben mit ihren jüngeren Kälbern ständig in Kontakt. Ihre sehr innige Beziehung stützt sich auf die Stärke der ganzen Herde, deren Mitglieder Freude über jedes Neugeborene zeigen und die Jungelefanten mit vereinten Kräften schützen.*

Oben: *Drei oder vier Generationen von Elefantenkühen aus derselben Familie verbringen ihr ganzes Leben zusammen in einer Herde, die sich in zwei Einheiten untergliedert: Eine umfasst säugende Kühe mit ihren Kälbern, die andere nicht säugende Kühe und entwöhnte Jungelefanten. Die enge Mutter-Tochter-Beziehung kann über 50 Jahre währen.*

Rechts: *Irgendwie schaffen es die Elefantenmütter, nicht über die winzigen Kälber zu stolpern, die zwischen ihren gewaltigen Beinen herumstromern. Die Kühe berühren ihre Jungen sanft mit Rüsseln und Beinen und schieben sie unter ihren Bauch, um sie vor Raubtieren oder der sengenden Sonne zu schützen.*

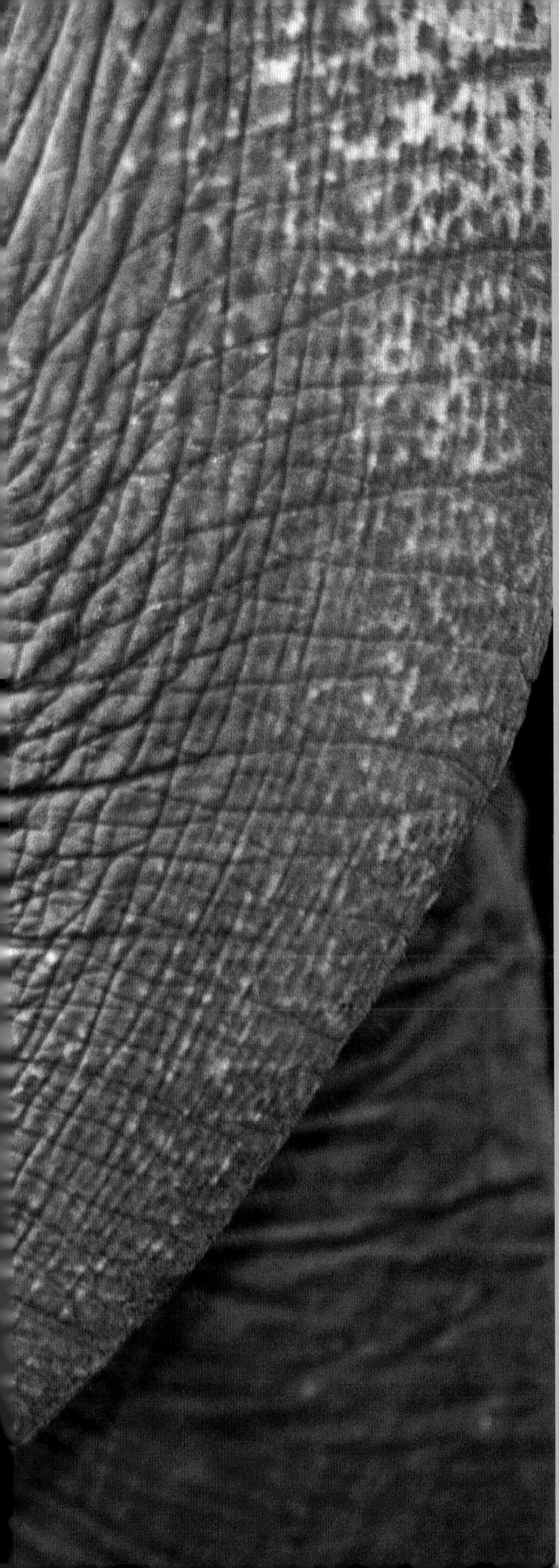

Begrüßungsrituale

Junge Kälber stecken gern ihre Rüsselspitze ins Maul der Mutter, vor allem, wenn sie nervös oder gestresst sind. Später entwickelt sich diese Form der Kontaktaufnahme zum Begrüßungsritual, bei dem das rangniedere Tier seine Rüsselspitze in das Maul eines sich nähernden erwachsenen Elefanten steckt. Weitere Begrüßungsrituale sind das Umeinanderschlingen der Rüssel, Berührungen, „Umarmungen", Streicheln und Aneinanderreiben – alles Aktivitäten aus der Zeit, in der das Kalb eine Bindung zu seiner Mutter und dann zur gesamten Herde entwickelte.

Wenn verwandte Elefantengruppen aufeinandertreffen, erkennen sie sich offenbar schon aus großer Entfernung. Sie begegnen sich aufgeregt und begrüßen alte Freundinnen mit offenkundiger und herzlicher Freude – selbst nach relativ kurzer Trennung. Sie stürmen aufeinander zu, trompeten, brüllen, recken ihre Köpfe hoch in die Luft und begrüßen sich mit Lauten, die für das menschliche Ohr nur teilweise wahrnehmbar sind. Wenn sie zusammenkommen, stoßen sie scheppernd mit den Stoßzähnen aneinander, schlingen ihre Rüssel umeinander, kollern und grunzen laut. Dazu flappen sie mit den Ohren und bringen diese in Begrüßungsstellung. Etwas unappetitlicher wirkt der Umstand, dass sie bei solchen Anlässen oft rund zehn Minuten lang ausgiebig urinieren und koten.

Links: *Ein Kalb schaut aus der schützenden Rüsselumarmung seiner Mutter in die gefährliche Welt hinaus. Wenn ein Elefantenkalb beim Herumtollen und Spielen auf eine Bedrohung trifft, quiekt es vor Angst – woraufhin ihm seine Mutter und andere Herdenmitglieder sofort zu Hilfe eilen.*

Folgende Doppelseite: *Der Rüssel spielt eine wichtige Rolle bei den Begrüßungsritualen der Elefanten, die mit einer erstaunlichen Vielfalt unterschiedlicher Rüsselberührungen sowie Trompetenstößen, Kollern, Ohrengeflatter und Stoßzahnreiben einhergehen.*

Erziehungsfragen

In den ersten zwei Jahren ernährt sich das Kalb ausschließlich von Muttermilch, die reichlich Nährstoffe und Vitamine enthält. Danach fängt es an, Grünfutter zu fressen, trinkt aber noch ungefähr drei Jahre oder auch länger zusätzlich bei der Mutter. Wenn es etwa fünf Jahre alt ist, hat es in der Regel schon ein jüngeres Geschwisterchen und muss etwas selbstständiger werden.

Wenige Elefantenkühe haben genug Milch, um zwei Junge gleichzeitig zu ernähren, deshalb haben Elefantenkälber, die mit weniger als zwei Jahren verwaisen, schlechte Überlebenschancen, auch wenn sich die Herde noch so liebevoll um sie bemüht. Keine Elefantenkuh wird das Überleben ihres eigenen Kalbs gefährden, indem sie ein fremdes säugt, und ohne Milch wird das verwaiste Elefantenjunge bald zu schwach, um mit der weiterziehenden Herde Schritt zu halten. Die Entscheidung der Leitkuh, das verwaiste Kalb zurückzulassen, wenn es für die übrige Herde zur Belastung wird, ist unvermeidlich. Manchmal geht die Sache für das verwaiste Elefantenbaby aber auch gut aus, wenn eine Elefantenkuh, die vor Kurzem ein Kalb verloren hat oder deren eigenes Kalb fast entwöhnt ist, bereit ist, es zu säugen.

Oben: *Das liebevolle „Umarmen" mit dem Rüssel ist eine Form der Körpersprache, die die Jungen von den Herdenmitgliedern lernen.*

Rechts: *Jungelefanten müssen die Kunst, Trinkwasser mit dem Rüssel aufzunehmen, wochenlang geduldig üben.*

Der Jungelefant entwickelt eine sehr starke Bindung zu seiner Mutter und auch zu seinen Geschwistern, mit denen er spielt und von denen er durch Nachahmung lernt. Sie wandern und rasten, fressen und trinken, baden und schwimmen gemeinsam und bleiben üblicherweise den ganzen Tag dicht beisammen. Junge Elefantenkühe erlernen alle Mutterpflichten durch praktische Anschauung, indem sie der Mutter helfen, die übrige Familie großzuziehen. Elefanten brauchen offenbar Rollenvorbilder: Man hat beobachtet, dass verwaiste Elefanten, die in Reservaten aufwachsen, wichtige Elefantenfertigkeiten nicht erlernen, wenn keine erwachsenen Elefanten zur Stelle sind.

Elefantenkälber sind sehr verspielt. Sie spielen allein oder mit anderen Jungelefanten, wobei vor allem die Bullenkälber gern Rüsselringkämpfe austragen und sich gegenseitig puffen und schubsen, um ihre Kräfte und Kampftechniken aneinander zu erproben.

Linke Seite und oben: *Elefantenmütter helfen ihren Jungen, die Welt zu entdecken. Die Kälber werden aber auch von ihren Tanten, Schwestern und Cousinen betreut, die in der Großfamilie als Kindermädchen fungieren. So bereiten sich die jungen Elefantenkühe zugleich auf ihre zukünftige Mutterrolle vor.*

Links: *Mit etwa fünf Jahren werden die Jungelefanten allmählich von ihren Müttern unabhängig und nehmen einen autonomen Platz in der Herdenhierarchie ein.*

Oben: *Elefantenkälber schließen früh Bekanntschaft mit dem Wasser und haben gleich Spaß am Schwimmen.*

Oben: *Erst im Alter von etwa vier Monaten beginnen junge Elefanten ernsthaft, mit ihren Rüsseln zu experimentieren. Es ist viel Übung erforderlich, bis das Kalb all diese Muskeln sicher beherrscht und das komplette Repertoire der komplizierten Rüsselbewegungen meistert. Bis dahin erlebt es viele frustrierende Rückschläge und stolpert noch so manches Mal über seinen Rüssel, wenn der ihm zwischen die Füße gerät – vor allem beim Spielen im Schlamm.*

Oben: *Ein Jungelefant lernt beizeiten, dass der Rüssel bei der Verständigung eine entscheidende Rolle spielt. Der erhobene Rüssel kann eine Warnung oder Drohung signalisieren, während der gesenkte Rüssel oft ein Zeichen des Nachgebens ist.*

Links: *Junge Elefanten lernen im Spiel, ihre Gliedmaßen und Rüssel richtig einzusetzen, und erproben ihre körperliche Stärke, indem sie miteinander ringen, herumtollen, sich attackieren und übereinanderklettern.*

Das Leben der Elefantenbullen

Wenn ein Elefantenbulle mit etwa zwölf Jahren die Pubertät erreicht, löst er sich nach und nach aus der Sicherheit seiner Geburtsherde. Zuerst verbringt er mehr Zeit am Rand der Herde und stromert immer weiter allein umher – anfänglich stunden-, später tagelang. Manche Jungelefanten ziehen sehr unwillig allein in die große, weite Welt. Diese anhänglichen Charaktere lungern jahrelang in der Nähe ihrer Familienherde herum, die sie zuweilen verjagt und auf Distanz hält. Schließlich verwandeln sich die Tage der Abwesenheit in ganze Wochen der Selbstständigkeit, und mit etwa 14 Jahren verlässt der Jungbulle die Herde endgültig. Dann streift er entweder als Einzelgänger umher, tut sich mit einem anderen Jungbullen zusammen oder schließt sich einer kleineren oder größeren Gruppe „Junggesellen" an.

Oben und rechts: *Afrikanische Elefantenbullen in der Blüte ihres Lebens. Diese gewaltigen Einzelgänger bieten mit rund 4 m Schulterhöhe einen einschüchternden Anblick.*

Nach Verlassen seiner Familienherde geht der Jungelefant bei höherrangigen Bullen „in die Lehre", um den Verhaltenskodex zu erlernen, der Leben und Beziehungen der erwachsenen Elefantenbullen regelt. In dieser Zeit schließen sich die Jungelefanten zu losen Gemeinschaften zusammen. Die Bullen der Junggesellenherden kämpfen ab und an um die Vorherrschaft, aber solange sie sexuell inaktiv sind, bleiben sie mit ein paar Gefährten einträchtig zusammen.

Das beste „Mannesalter" erreicht ein Elefant in den Dreißigern oder Vierzigern, wenn er stark und gesund ist. Voll ausgewachsene Elefantenbullen führen ein Einzelgängerdasein und machen einander den Rang streitig – selbst wenn es nur ums Trinkwasser geht. Sie wandern weiter als die Kühe und tun sich nur gelegentlich mit anderen Bullen oder mit brünstigen Elefantenkühen zusammen. Ausschließlich die dominantesten Bullen dürfen paarungsbereite Kühe besteigen. Die rangniederen Bullen müssen abwarten, bis sie an der Reihe sind, während die 40–50-jährigen Bullen sowohl die Kampf- als auch die Paarungsszene beherrschen.

Kämpfe zwischen Elefantenbullen können brutal und langwierig sein. Einmal wurde ein Kampf von über zehn Stunden Dauer beobachtet, aber vieles von dem aggressiven Getue, Imponiergehabe und Getöse ist nur Bluff. Ernsthafte Verletzungen sind selten. Das aggressive Imponierverhalten treibt den jüngeren, kleineren oder zaghafteren Kämpfer oft zum Rückzug, bevor er nennenswerten Schaden nimmt.

Manchmal aber, wenn die Paarungszeit in der Musth (von einem Hindi-Wort für „berauscht") ihren Höhepunkt erreicht, kommt es zu extrem aggressiven Zusammenstößen mit Verletzungen. Ein Bulle, der auf der Suche nach einer paarungswilligen Partnerin die Elefantenkühe zu beeindrucken sucht, ist schließlich so aufgepeitscht, dass er praktisch jeden anderen Bullen attackiert, der ihm in den Weg tritt. Diesen Zustand der Erregung signalisiert er durch seinen ausgeprägten Körpergeruch, mit dem er Bäume und andere exponierte Stellen markiert. Ein dickflüssiges, klebriges Sekret läuft ihm die Wangen hinunter, und seine massige, runzlige Stirn vibriert von den Infraschallrufen, die seinen Paarungswunsch weit und breit verkünden.

Mit 50 hat ein Elefant seine besten Jahre meist schon hinter sich – mit 60 gilt er als alt. Sehr alte Bullen können ungesellig, cholerisch und unberechenbar werden: Diese schwerfälligen Kolosse mit ihren enormen Stoßzähnen äsen in Sumpfgebieten, deren Pflanzenangebot sie mit ihrem letzten Satz abgewetzter Backenzähne gerade noch zerkleinern können. Wenn sie mit ihren Zahnstümpfen schließlich selbst die weichsten Pflanzenteile nicht mehr kauen können, droht den greisen Giganten der baldige Hungertod.

Linke Seite und oben: *Elefantenbullen messen gern mit aufeinanderdonnernden Stoßzähnen ihre Kräfte und wirbeln dabei viel Staub auf, fügen sich aber selten ernsthafte Verletzungen zu.*

Oben: *Ein ausgewachsener Elefantenbulle lässt seinen Blick über die Savanne schweifen. Männliche Jungelefanten verlassen ihre Herde im „Teenageralter", um allein zu leben oder sich einer Junggesellenherde anzuschließen, bis die stärksten und dominantesten von ihnen sich schließlich das Recht zur Paarung erstreiten.*

Links: *Ein Elefantenbulle erreicht den Höhepunkt seiner „Manneskraft" in den Dreißigern und Vierzigern, wenn er voll ausgereift, stark und gesund ist. Dieser Bulle in Drohhaltung – mit kraftvoll gespreizten Beinen und weit ausgebreiteten Ohren – ist bereit, jeder Herausforderung entgegenzutreten.*

Oben: Elefanten üben sich im „Rüsseldrücken", um ihre Stärken und Schwächen auszuloten. Das sieht wilder aus, als es ist, denn in den meisten Fällen handelt es sich bei dem Hin- und Hergeschiebe bloß um Schau und nicht um ernsthafte Aggression. Der jüngere, schwächere oder zaghaftere Elefant bekommt in der Regel reichlich Gelegenheit, sich unbeschadet zurückzuziehen.

Rechts: Elefantenbullen auf dem Höhepunkt ihrer Musth (Phase mit hohem Testosteronspiegel) fordern praktisch jeden Bullen, dem sie begegnen, zum Kampf heraus, wenn sie nicht gerade auf der Suche nach einer willigen Paarungspartnerin um die weiblichen Herden herumlungern.

Folgende Doppelseite: Elefantenbullen in der Blüte ihrer Jahre oder auch in höherem Alter können bisweilen cholerisch und unberechenbar sein.

Imponiergehabe und Drohgebärden

Ein selbstsicherer Elefant steht stolz und aufrecht, Kopf und Schwanz erhoben, mit ausgebreiteten Ohren und entspanntem Rüssel. Will er seine Dominanz zum Ausdruck bringen, reckt er den Kopf noch höher und spreizt den Rüssel im spitzen Winkel (nach vorn-unten) ab.

Wo eine moderate Drohgebärde angebracht ist, etwa wenn eine Elefantenkuh Artgenossen an ihren (niedrigeren) Rang erinnern will, nimmt sie eine angespannte Haltung ein, wendet ihren Körper oder Kopf den herannahenden Artgenossen zu und nickt mit halb ausgebreiteten Ohren.

Ist eine energischere Drohgebärde vonnöten, werden die Ohren weit abgespreizt und gleichzeitig Kopf, Schwanz und Rüssel erhoben bzw. in die Richtung relevanter Duftsignale ausgerichtet. Dazu kommt eventuell ein Kopfrucken, indem der Kopf zuerst gesenkt, dann abrupt hochgerissen und langsam wieder gesenkt wird. Eine andere Möglichkeit besteht im Kopfschütteln und -wackeln, bei dem die großen Ohren gegen die runzligen Gesichter klatschen.

Oben: *Wer sich mit Elefanten auskennt, kann aus ihrer Haltung vieles herauslesen. Wie Körper, Kopf, Ohren, Schwanz und Rüssel gehalten werden, verrät eine Menge über ihre Stimmung und ihren Rang.*

Rechts: *Mit voll abgespreizten Ohren, eingerolltem Rüssel und selbstbewusster Haltung macht diese Elefantenkuh ihre Entschlossenheit deutlich, das schutzbedürftige Kalb an ihrer Seite gegen jeden Angreifer zu verteidigen.*

Oben: *Zu den Arten von Ausweichverhalten, um eine direkte Konfrontation zu vermeiden, zählen Hin- und Herwiegen, Fußschwenken, Scharren oder Staubwerfen. Dabei kann der Rüssel hin- und herpeitschen oder energisch herumschwenken.*

Links: *Afrikanischer Elefant in Drohhaltung mit gesenktem Kopf und abgespreizten Ohren. Ein wütender Elefant trompetet laut, schnaubt heftig durch den Rüssel und reißt manchmal Äste, Sträucher und Gras aus, um den Gegner damit zu bewerfen.*

Rechte Seite: *Elefanten beiderlei Geschlechts tragen mitunter freundschaftliche Ringkämpfe aus. Elefantenbullen von etwa gleicher Stärke schlingen ihre Rüssel umeinander und versuchen, sich gegenseitig wegzuschieben, während sie dazu lautstark grunzen, brüllen, kreischen und trompeten. Eine solche Demonstration von Stärke kann zu einem Rammduell ausarten.*

Wenn das noch nicht reicht, wird der Rüssel peitschend hin- und herbewegt – oder eingerollt und heftig wieder ausgefahren wie eine „Partytröte", wobei der Elefant laut trompetet und durch seinen Rüssel schnaubt (ein typisches Verhalten auch bei Störungen durch Menschen). Unter Umständen reißt er Äste, Sträucher oder Gras aus und schleudert sie dem Störenfried entgegen.

Als Nächstes folgt eine plötzliche Scheinattacke mit weit abgespreizten Ohren, hoch erhobenem Kopf, ausgestrecktem Schwanz und lautem, drohendem Trompeten. Das wirkt sehr einschüchternd, ist aber meist nur Schau, da der Elefant plötzlich bremst und sich seitlich davontrollt, wobei er mit erhobenem Kopf, gewölbtem Rücken und erhobenem Schwanz verachtlich auf den Gegner zurückblickt.

Fühlt sich der Elefant ernstlich bedroht, erfolgt der Angriff aber nicht nur zum Schein. Dann stürmt er auf den Gegner los, was für diesen übel ausgehen kann. Ein tobender Elefant kann schlimme Verwüstungen anrichten.

Wenn Elefanten zum Zweikampf antreten – ob rituell, spielerisch oder als ernsthaftes Duell zwischen rivalisierenden Bullen –, taxieren die beiden Gegner einander zuerst mit hoch gerecktem Kopf und verschränkten Stoßzähnen oder Rüsseln. Meistens behält der größere Elefant die Oberhand, besonders wenn seine Stoßzähne länger sind.

Sind beide ungefähr gleich stark, fangen sie nun unter Umständen an, sich hin- und herzuschieben und mit den Rüsseln zu ringen, begleitet von lautstarkem Grunzen, das sich zu schrillem Kampfgeschrei steigern kann – mit Röhren, Kreischen und Trompeten. Ein ernsthafter Kampf um eine Elefantenkuh kann in ein brutales Rammduell münden. Doch oft siegt die Vernunft, und der Unterlegene weicht mit angelegten Ohren zurück und wendet sich ab – oder rennt einfach so schnell wie möglich davon.

Eine andere Möglichkeit, der direkten Konfrontation aus dem Weg zu gehen, sind Ersatzhandlungen wie das Berühren der Schläfendrüse, Augenreiben, Hin- und Herwiegen, Fußschwenken, Scharren oder Staubwerfen. Eine übertriebene Form von Fressverhalten kann ebenfalls als Ablenkungsmanöver dienen, wobei der Elefant beispielsweise Äste abreißt und gegen seinen Fuß schlägt.

Oben: *Das Imponiergehabe stabilisiert das Sozialgefüge der Elefantengruppe, weil so jedes Mitglied über seinen Platz und Rang Bescheid weiß, ohne dass es zu echter Gewalttätigkeit und Verlet-*

Umgang mit Raubtieren

Die Herde ist ständig in Bewegung und begegnet vielen Gefahren. Sobald sie eine Bedrohung wahrnimmt, wie etwa einen Löwen oder Tiger auf Beutezug, bilden die erwachsenen Tiere einen schützenden Ring um ihre Kälber. Gefahr droht auch von Hyänen, Leoparden, Krokodilen und Menschen, die seit jeher auf Elefantenjagd gingen – nicht zuletzt wegen der prachtvollen Elfenbeinzähne.

Ein ausgewachsener Elefant schreckt die meisten Angreifer schon durch seine Größe ab, und seine dicke Haut schützt ihn zusätzlich. Doch Raubtiere haben es stets auf die ganz Jungen, die Alten, die Verletzten oder Schwachen abgesehen, wobei Löwen oder Tüpfelhyänen oft im Team arbeiten, um das auserkorene Opfer von der Herde abzudrängen. Das gemeinschaftliche Verteidigungssystem und der gegenseitige Beschützerinstinkt der Mutterherde machen es allerdings selbst den hartnäckigsten Feinden sehr schwer. Nachts bilden die Alttiere einen Kreis um die Kälber, um sie vor jeder Gefahr zu schützen. Doch ein Kalb, das sich tagsüber unklugerweise zu weit von der Herde entfernt, kann schon mal unverhofft zum Mittagsmahl eines Raubtiers werden.

Oben und links: *Wenn das Wasser knapp wird, begegnen sich Löwen und Elefanten an den wenigen verbliebenen Wasserstellen. Trotz der überlegenen Körpergröße der Elefanten kommt es vor, dass ein Löwenrudel einen von der Herde abgesonderten Elefanten angreift, vor allem nachts, wenn die Raubkatzen dank ihrer ausgezeichneten Nachtsicht im Vorteil sind.*

Immer unterwegs

Elefanten verbringen einen großen Teil des Tages mit langsamem Gehen und Fressen. Die Herden wandern viele Kilometer weit, um Nahrungs- und Wasserquellen ausfindig zu machen, wobei sie in einer Reihe hintereinander hertrotten.

Die Nahrungsaufnahme nimmt einen Großteil ihrer Zeit in Anspruch. In der Regenzeit ist das Nahrungsangebot meist üppig, und die Herden äsen fast rund um die Uhr. Dabei folgen sie einer festen Route und trinken und fressen an vertrauten Stellen, während die großen Bullen ihre Mahlzeit in einiger Entfernung von der Hauptherde einnehmen.

Die äsenden Herden nehmen nachhaltigen Einfluss auf die Bäume und ihre Umgebung. Ihnen wird oft vorgeworfen, die Wälder zu schädigen, aber solange sich ihr Wirken auf ein großes Gebiet verteilt und nicht auf ein eng begrenztes Revier konzentriert, kann das durchaus positive Auswirkungen haben, da Elefanten dazu beitragen, Wald in Grasland zu verwandeln. Sie bewahren die Savanne vor Überwucherung, indem sie Sträucher und Bäume vertilgen, sodass das Gras, das viele andere Grasfresser (Zebras, Antilopen usw.) zum Überleben brauchen, besser wachsen kann.

Oben und rechts: *Elefanten sind ständig in Bewegung und fressen sogar im Gehen weiter, um ihren enormen Kalorienbedarf zu decken. Ein ausgewachsener Elefant verzehrt mindestens 100 bis 200 kg Grünfutter pro Tag.*

Im Wechsel der Jahreszeiten wandern die Elefanten bestimmte Strecken ab, und das Wissen über diese Routen wird jeweils an die nächste Generation weitergegeben. Die Jungelefanten lernen die Streckenführung von den älteren Tieren, während sie hinter der Leitkuh durch die Landschaft stapfen und auf ihrer unermüdlichen Suche nach frischer Nahrung weite Gebiete durchstreifen. Elefanten müssen immer mindestens einen Fuß am Boden behalten und bewegen sich in einer Art Passgang fort, normalerweise mit einem Tempo von etwa 6 bis 8 km/h, das sich mit schnelleren, längeren Schritten auf 10 bis 13 km/h steigern lässt. Angreifende oder flüchtende Elefanten können mit bis zu 40 km/h sehr viel schneller laufen als ein Mensch, allerdings nur für eine ganz kurze Strecke.

Elefanten können sich zum Hinlegen oder Aufstehen auf ihr Hinterteil setzen und sich auch auf die Hinterbeine stellen, um nach hoch hängenden Früchten zu greifen oder ein Weibchen zu besteigen. Um die begehrten Mineralsande zu erreichen, stellen sich manche von ihnen (vor allem die ohne Stoßzähne) praktisch auf den Kopf, wenn sie anders nicht an die leckeren Ablagerungen herankommen. Außerdem sind Elefanten imstande, steile Hänge hinaufzuklettern und hinabzuschlittern. Obwohl sie die Kunst des „Wendens in drei Zügen" beherrschen, gehen sie stattdessen oft rückwärts, weil das weniger Energie erfordert als ein komplettes Wendemanöver.

Ein Elefant legt normalerweise 10 bis 20 km pro Tag zurück, marschiert aber je nach Bedarf auch über 70 km weit. In der namibischen Wüste wurden schon Marschleistungen von bis zu 200 km pro Tag beobachtet.

Links: *Elefanten legen auf der Suche nach frischem Gras und Wasser weite Strecke zurück. Die Durchquerung von Gewässern bietet willkommene Gelegenheit zum Trinken, Abkühlen und Schwimmen.*

Folgende Doppelseite: *Zwei Jungelefanten werden auf dem Marsch von ihren Müttern mit wohlgefülltem Gesäuge flankiert. Ein neugeborener Elefant steht schon 30 Minuten nach der Geburt auf den Füßen und kann sich nach wenigen Tagen der wandernden Herde anschließen. Die Leitkuh drosselt derweil das Tempo und lässt häufigere Pausen einlegen, bis die Neuzugänge mit der Herde Schritt halten können.*

Erholung und Schlaf

Auf diesen langen Wanderungen nimmt sich der Elefant zwischendurch immer noch die Zeit zum Waschen, zur Körperpflege, zur Liebeswerbung und für familiäre Kontakte. Große Säugetiere brauchen weniger Schlaf als kleinere, doch vor der Morgendämmerung legt die ganze Herde eine mehrstündige Ruhepause ein und später, wenn die Sonne am heißesten ist, döst sie noch mal eine Weile im Schatten.

Selbst wenn die Leitkuh die Herde an einen vertrauten, sicheren Ort führt, lassen die Elefanten in ihrer Wachsamkeit niemals nach, und ihre Ruhe wird immer wieder unterbrochen. Die ganz Kleinen legen sich normalerweise zum Schlafen hin, aber Forscher berichten, dass viele Elefanten auch nachts vorwiegend im Stehen ruhen und sich nur zwischen Mitternacht und Morgengrauen für ein oder zwei Stunden hinlegen. Ob im Stehen oder Liegen: Die Herdenmitglieder schalten nie alle gleichzeitig ab, und ein Elefant gönnt sich normalerweise maximal vier Stunden unruhigen Schlummers. Mindestens ein Mitglied der Herde hat immer Wachdienst und bleibt wenigstens halb wach, während die anderen im Traum grunzen oder lautstark schnarchen.

Oben: *Ausgewachsene Elefanten dösen meist im Stehen. Kälber und halbwüchsige Elefanten dagegen legen sich zum Schlafen hin, während andere in der Nähe Wache halten.*

Rechts: *Elefanten schlafen nicht lange; das wäre zu gefährlich. Aber sie nutzen die Gelegenheit, im kühlen Schatten zu ruhen, wenn die Sonne am heißesten brennt.*

Oben: Wasserstellen sind wichtige Versammlungsorte, an denen verschiedene Gruppen kommen und gehen – jede Herde unter der Führung ihrer Leitkuh. Elefanten aller Altersstufen lieben das Wasser und planschen mit kindlichem Vergnügen darin herum.

Rechts: Weil sie immerwährend Nahrungsnachschub brauchen und außerdem abwechselnd Wache stehen müssen, schlafen Elefanten nie lange, gönnen sich tagsüber nur kurze Nickerchen im Stehen.

Rechts: *Ein Elefantenbaby schläft zwischen den Füßen der Großen. Elefanten gehen schleichend auf Zehenspitzen, wobei ihre Sohlen als dicke, elastische Fußpolster fungieren, die bei jedem Auftreten nachgeben und sich verbreitern.*

Folgende Doppelseite: *Elefantenkühe sind sehr fürsorgliche Mütter, die ihre Jungen beschützen, baden und abschrubben, über Hindernisse tragen und ihnen helfen, aus Gruben oder Schluchten herauszuklettern. Sie behandeln ihre Kleinen äußerst liebevoll und tätscheln sie zärtlich mit dem Rüssel.*

Lebenszyklen

Elefanten wachsen in der **Sicherheit** der Herde auf, von liebevollen, wohlwollenden **Erwachsenen** umgeben. Die ganze **Herde** freut sich mit über jedes **Neugeborene** und beteiligt sich an der **Erziehung** und dem Schutz der Jungelefanten, bis sie das Erwachsenenalter erreichen.

Die unselbstständigen Elefantenbabys sind vielen **Gefahren** ausgesetzt, doch die erwachsenen Tiere tun ihr Bestes, damit diese neuen Herdenmitglieder **gesund** und **sicher** aufwachsen können.

Familien-angelegenheiten

Elefantenbabys gehören wohl zu den niedlichsten Geschöpfen der Welt. Ihre lustigen Gesichter mit Stoppelkinn und wild schlenkerndem Rüssel, die zwischen den stämmigen Beinen der älteren Herdenmitglieder hervorlugen, während sie sich einen ersten Eindruck von der Welt verschaffen, sind ein komischer Anblick. Diese gehätschelten Jungtiere verkörpern die Zukunft der Herde und werden innigst geliebt und von allen Familienmitgliedern sorgsam behütet.

Gezeugt wurden sie viele, viele Monate zuvor nach kurzer Liebeswerbung in einem Paarungsakt, der kaum länger als eine Minute dauerte. Doch diese flüchtige Begegnung hält den ewigen Kreislauf des Lebens in Gang.

Fruchtbarkeit und Werbung

Die Paarungen sind nicht strikt an eine bestimmte Jahreszeit gebunden, finden aber im Allgemeinen während der Regenzeit statt (wie auch die meisten Geburten). Das Paarungsgeschehen wird von den großen Bullen beherrscht, die in der Regel über 35 Jahre alt sind. Zum Höhepunkt der Paarungsaktivitäten versammeln sich die Elefanten oft in großer Zahl – vor allem in Gegenden, in denen ihre Bewegungsfreiheit durch menschliche Grenzen eingeschränkt ist.

Der Fruchtbarkeitszyklus der Elefantenkühe folgt einem 15- bis 16-wöchigen Rhythmus, wobei der Östrus (Zeit der Paarungsbereitschaft) je ungefähr drei Tage dauert. In dieser Zeit setzen die Eierstöcke zwischen 2 und 26 Eiern ab.

Rechts: *Der winzige Elefant fühlt sich sicher in diesem Wald aus wuchtigen Elefantenbeinen.*

Auch der Hormonhaushalt der männlichen Elefanten unterliegt Schwankungen, die ihren Höhepunkt in der Musth erreichen, einem bei Afrikanischen und Asiatischen Elefantenbullen periodisch, aber unregelmäßig auftretenden Zustand. In dieser Phase steigt der Testosteronspiegel im Blut extrem an, und die Schläfendrüsen, die bei Erregung oder Nervosität aktiv werden, produzieren ein dickflüssiges Sekret, das über die Wangen trieft. Außerdem tröpfeln die Bullen permanent Urin, um ihr Territorium zu markieren, und verhalten sich generell äußerst launisch und aggressiv.

Rivalisierende Bullen jagen einander und rangeln miteinander, aber dieses aggressive Gehabe gipfelt nur selten in ernsthaften Zweikämpfen. Elefantenbullen in der Musth sind ständig auf der Suche nach paarungswilligen Partnerinnen, während die „normalen" Bullen ihnen klugerweise das Feld überlassen und einen weiten Bogen um sie machen. Für paarungsbereite Elefantenkühe ist ein Bulle in der Musth offensichtlich ein attraktiver Paarungspartner, doch ist die Musth für die Fortpflanzung nicht zwingend erforderlich. Elefantenkühe können sich auch erfolgreich mit einem Bullen paaren, der sich nicht in diesem überreizten Zustand befindet, aber die gesteigerte sexuelle Energie und Aggression während der Musth erhöht doch die Paarungschancen für den Bullen deutlich.

Paarungsbereite Elefantenkühe verkünden durch Infraschallrufe (in einem Frequenzbereich unterhalb der Hörschwelle beim Menschen) allen Elefanten im Umkreis von 3 km ihre Aufnahmebereitschaft und ihren Aufenthaltsort, sodass die Bullen sie finden können.

Wenn sie sich gefunden haben, beginnen die beiden ihren „Paarungstanz". Der erregte Bulle jagt der Kuh hinterher, in der ersten nervösen Phase weicht sie ihm jedoch immer wieder aus, mit weit aufgerissenen Augen und hochgehaltenem Kopf. Dann entfernt sie sich mit erhobenem Schwanz von der Herde und verdreht dabei dauernd den Kopf nach dem ihr folgenden Verehrer. Manchmal hält sie während dieses „Östrus-Gangs" ein erwartungsvolles Auge auf alle erregten und paarungswilligen Elefantenbullen in der Umgebung.

Oben und linke Seite: *Der ausgewachsene, paarungswillige Bulle ortet paarungsbereite Elefantenkühe durch ihre Infraschallrufe, die er über eine Entfernung von bis zu 3 km wahrnehmen kann.*

Manchmal schlägt die Elefantenkuh einen Bogen zurück zur Herde und beendet dieses ausweichende, aufreizende Manöver erst, wenn der Bulle sie endlich einholt und ihr frontal gegenübertritt. Schließlich löst sich die Kuh endgültig von der Herde und ist zur Paarung bereit. Etwaige andere Elefantenbullen, die sich in der Nähe aufhalten, wuseln derweil aufgeregt um das paarungswillige Paar herum, stoßen laute Rufe aus, koten und urinieren, schütteln ihre Köpfe und flappen mit den Ohren.

Zuerst liebkost sich das Paar mit den Rüsseln und schlingt sie umeinander. Der Bulle setzt sein sogenanntes vomeronasales oder Jacobson-Organ ein, das sich im Gaumen befindet. Dieses chemisch sensible Organ funktioniert unabhängig vom normalen Geruchssinn. Es hat die Form einer Pfeife mit einer kleinen Eingangsöffnung, die zu Nerven im Schädel führt. Der Bulle testet damit die Empfängnisbereitschaft der Kuh, indem er seine Rüsselspitze in ihre Vulva oder in ihren Urin steckt und dann in sein Maul führt, wobei er prüfend schnüffelt. Wirklich aufnahmebereite Kühe scheinen diesen Teil des Vorspiels zu genießen.

Oben: *Nachdem sie sich ausreichend geziert hat und immer wieder davongetänzelt ist, lässt die Elefantenkuh den Bullen an sich heran und die beiden liebkosen einander mit ihren Rüsseln.*

Rechts: *Nur die dominantesten Bullen paaren sich mit den aufnahmebereiten Elefantenkühen. Die anderen müssen warten, bis sie an der Reihe sind. So bleiben die Paarungsaktivitäten meistens den älteren und größeren Bullen zwischen 40 und 50 Jahren überlassen.*

Links: *Da Elefanten so gern im Wasser herumplantschen, spielt sich auch die Werbung und Paarung mitunter in einem Tümpel, Fluss oder See ab.*

Oben: *Kurz vor der Paarung kommt es zu ausgiebigem frontalem Kontakt, bei dem sich die Rüssel umschlingen und berühren, mit Liebkosungen der Mäuler und deutlichen Zuneigungsbekundungen.*

Paarung

Zum Vorspiel gehören ausgiebige gegenseitige Liebkosungen von Angesicht zu Angesicht, wobei sich die Mäuler berühren und die Rüssel verknoten. Zu guter Letzt dreht sich die aufnahmebereite Elefantenkuh um und macht sich bereit, damit der Bulle aufsteigen kann – keine Kleinigkeit bei solchen Schwergewichten.

Der Paarungsakt erfordert einige Übung, und jüngere Bullen sind bei ihren ersten Versuchen selten erfolgreich, zumal die Elefantenkühe die erfahreneren, älteren Bullen vorziehen und die jüngeren Kandidaten oft noch in letzter Minute zurückweisen.

Das Pärchen paart sich unter Umständen mehrfach über einen Zeitraum von drei bis vier Tagen. Manchmal tun sie dies auch im Wasser, zwischen den anderen Herdenmitgliedern, die sich dort abkühlen.

Oben: *Elefantenkühe sind nur wenige Tage im Jahr empfängnisbereit. Hier signalisiert eine Kuh ihre Paarungsbereitschaft, indem sie ihren Rüssel in vollkommener Harmonie an den des Partners schmiegt – und damit passenderweise eine Herzform bildet.*

Links: *Wenn die paarungsbereite Elefantenkuh den potenziellen Partner endlich an sich heranlässt, nähert er sich behutsam und liebkost sie sanft mit seinem Rüssel.*

Trächtigkeit

Die Zahlen variieren je nach Quelle, aber die Tragzeit der Elefanten ist auf jeden Fall sehr lang. Bis zur Geburtsreife des Fötus dauert es 18 bis 23 Monate (im Mittel 20 bis 22 Monate). Manche Experten glauben, dass männliche Embryonen eine etwas längere Entwicklungszeit brauchen als weibliche und dass die Tragzeit der Afrikanischen Elefanten etwas länger ist als die der Asiatischen, die im Durchschnitt nur 609 Tage, also immer noch über 20 Monate, beträgt.

In den ersten drei Monaten der Tragzeit wächst der Fötus rasch, und schon bald bilden sich Ohren, Rüssel und Schwanz. Die Brustdrüsen der trächtigen Elefantenkuh fangen an, Milch zu produzieren, und sie schließt sich unter Umständen jetzt schon eng an eine ältere Gefährtin an, die ihr später bei der Geburt und der Erziehung des Kalbs beistehen wird (und sich als recht besitzergreifende „Tante" entpuppen kann).

Gegen Ende der Tragzeit erreicht das Kalb sein Geburtsgewicht: bei weiblichen Kälbern etwa 90 bis 100 kg und bei männlichen rund 120 kg. Ein plötzlicher Abfall des Progesteronspiegels im Blut der Mutter (das Gelbkörperhormon Progesteron dient der Erhaltung der Schwangerschaft) deutet darauf hin, dass die Geburt unmittelbar bevorsteht.

Oben und rechts: *Elefantenkühe müssen Tragzeiten von rund 18 bis 23 Monaten durchstehen – die längsten im gesamten Tierreich –, aber für menschliche Beobachter wird die Trächtigkeit erst in den letzten vier bis sechs Monaten offensichtlich.*

Die ersten Lebensstunden

Wenn die Elefantenkuh spürt, dass die Geburt unmittelbar bevorsteht, sucht sie sich eine Stelle, an der dichtes Gras oder weicher Untergrund das Baby sanft auffängt. Die Mutter bleibt normalerweise mit gespreizten Hinterbeinen stehen, während ihr Kalb in die Welt hinausrutscht – noch in die dünne Membran der Fruchtblase gehüllt. Oft hilft eine andere Kuh der Mutter bei der Geburt, und eine der beiden reißt die Fruchtblase auf, um das Junge zu befreien. In den allermeisten Fällen handelt es sich um ein einzelnes Kalb; Zwillingsgeburten sind äußerst selten (1,35 %). Die Plazenta folgt etwa 30 Minuten später.

Inzwischen nimmt der neugeborene Elefant seine ersten Atemzüge, während er sich von der aufregenden Ankunft in dieser seltsamen neuen Welt erholt. Das Baby fängt an, mit Ohren, Schwanz und Rüssel zu wackeln, und kämpft sich schließlich auf die Beine – normalerweise innerhalb einer halben Stunde nach der Geburt, wobei es von seiner Mutter mit Rüssel und Füßen unterstützt wird. Ehe man sichs versieht, steht das Kalb auf seinen Beinen, wenn auch noch etwas wackelig, und hebt seinen winzigen, zittrigen und kaum zu kontrollierenden Rüssel (es braucht eine Weile, bis es lernt, mit diesem langen, plumpen Anhängsel zu hantieren), bis sein Maul endlich die Zitze der Mutter findet. Dann reckt es sich eifrig und saugt gierig die nahrhafte Milch aus den Brustdrüsen, die zwischen den stämmigen Vorderbeinen der Mutter angeordnet sind. Der Jungelefant saugt mit seinem Maul, und nicht etwa mit dem Rüssel, den er derweil nach hinten aus dem Weg hält.

Der Neuzugang erregt großes Interesse bei der Herde, die sich alsbald versammelt, um ihn zu begutachten. Die Elefanten zeigen große Freude und Aufregung, während sie das Junge ganz sanft berühren, seinen Duft erschnuppern und es mit leisen Brummlauten begrüßen.

Links: *Elefantenkühe bringen etwa alle fünf Jahre ein Kalb zur Welt. Die Geburt kann zwischen fünf Minuten und 60 Stunden dauern; der Durchschnitt liegt bei etwa elf Stunden. Dabei wird die Mutter normalerweise von einer älteren und erfahreneren Kuh unterstützt. Wie eine Hebamme hilft sie bei der Geburt und der Versorgung des Neugeborenen.*

Oben: Rasch entwickelt sich eine enge Bindung zwischen Mutter und Kalb, die sehr engen Körperkontakt pflegen.

Links: Ein neugeborener Elefant entdeckt schon bald die Zitze seiner Mutter. So wie Menschenbabys am Daumen nuckeln, lutscht das Elefantenkalb oft trostsuchend an seinem Rüssel.

Rechts: Die Mutter wacht über ihr Baby und lenkt und hält es mit ihrem Rüssel behutsam an Hindernissen wie diesem Graben.

Folgende Doppelseite: Zwei Tage nach der Geburt ist das Junge kräftig genug, um zur Herde zu stoßen, die in der Nähe gewartet hat und den Neuzugang nun mit der Umgebung bekannt macht.

Frühe Kindheit

Das neugeborene Elefantenbaby trinkt mehrmals stündlich bei seiner Mutter und nimmt so pro Monat 10 bis 20 kg zu. Dabei entwickelt es eine extrem starke Bindung an die Mutter, die bei weiblichen Kälbern rund 50 Jahre bestehen bleiben kann. Bald beginnt die Mutter, ihr Kalb regelmäßig zu waschen, indem sie es sanft mit Wasser besprüht und dann mit ihrem Rüssel abreibt. Bei Dürre würgt sie Wasser aus ihrem Magen hoch und sprüht es über ihr Kalb, um es abzukühlen.

In der Welt der Elefanten herrscht Disziplin, und das Kalb erfährt schon bald, dass es sich – bei aller Liebe – für ungezogenes Verhalten schnell einen mahnenden Klaps einhandelt. Auf der anderen Seite wird es von seiner Mutter und anderen Herdenmitgliedern je nach Situation aber auch mit sanften Liebkosungen, beruhigenden Berührungen, „Umarmungen" oder tröstendem Fußstreicheln verwöhnt.

Oben: *Der Jungelefant trinkt häufig kleine Portionen Muttermilch und wird mindestens zwei Jahre lang gesäugt, teils auch noch viel länger – je nachdem, wann seine Mutter wieder trächtig wird.*

Rechts: *Mutter und Kalb entwickeln eine sehr enge, liebevolle Bindung, die bei weiblichen Kälbern ein Leben lang andauern kann. Die verspielten Jungelefanten werden schon bald neugierig auf die Welt jenseits von Mamas Rockzipfeln, suchen aber immer wieder die Sicherheit ihrer Nähe.*

Manche Elefantenkühe produzieren im gebärfähigen Alter durchgehend Milch, und es gibt Fälle, in denen verwandte Kühe die Kälber der jeweils anderen säugen. Im ersten Jahr, wenn das Kalb noch bequem unter Mutters Bauch passt, hält es sich ständig neben oder unter ihr. Sie schützt ihr Kleines vor Gefahren oder bietet ihm Schatten, indem sie es sanft unter sich schiebt. Das Baby wird von allen erwachsenen Elefanten zärtlich verhätschelt, und sie vermeiden es geschickt, auf das kleine Wesen zu treten, das zwischen ihren Füßen herumtollt. Ein Jungelefant kann noch bis weit ins dritte oder vierte Lebensjahr hinein bei seiner Mutter trinken. Auf dem Marsch hält er sich eng an seine Mutter und greift sie unter Umständen sogar fest am Schwanz, um sie nicht zu verlieren – oder die Mutter führt das Kalb ihrerseits von hinten am Schwänzchen. Außerdem hilft sie ihrem Nachwuchs durch schwieriges Gelände, hebt ihn über Hindernisse, legt ihren Rüssel um sein Hinterteil, um ihm beim Erklimmen steiler Hänge zu helfen oder rettet ihn aus einer zu tiefen Schlammsuhle.

Die nahrhafte Muttermilch befreit das Kalb von der Mühe des stundenlangen Grasens und Äsens und lässt ihm somit reichlich Zeit zum Spielen, während die Erwachsenen fressen. Allmählich wagt sich der Jungelefant weiter hinaus, kehrt aber sofort in den Schutz seiner Mutter zurück, wenn die Situation unbehaglich wird. Ein panisches Quieken reicht, um die Mutter und andere Herdenmitglieder zur Hilfe oder Verteidigung auf den Plan zu rufen. Mit fünf Jahren spielt das Junge längst fröhlich mit anderen Jungelefanten, erlernt die Futtersuche und den Umgang mit der übrigen Herde, ohne sich jedoch mehr als ein paar Meter von der Mutter zu entfernen. Es bleibt acht bis zehn Jahre von ihr abhängig und wird stets rasch zurückbeordert, wenn es sich einmal weiter davonmacht.

Links: *Jungelefanten haben eine lange Lehrzeit vor sich. Die richtige Handhabung des Rüssels ist nur eine der vielen Herausforderungen.*

Folgende Doppelseite: *Ein Jungelefant bleibt fast so lange auf die erwachsenen Artgenossen angewiesen wie ein menschliches Kind. Bis zum Alter von zwei Jahren hat ein verwaistes Kalb extrem schlechte Überlebenschancen. Auch von den Waisen im Alter zwischen zwei und fünf Jahren sterben noch 70 % und von denen im Alter zwischen fünf und zehn immerhin noch 50 %.*

Oben: *Ungestümes Raufen gehört zu den Freuden des Kälberdaseins, wobei die kleinen Bullen besonders ruppig zu Werke gehen.*

Unten: *Mit der Zeit werden die energiegeladenen Jungelefanten mutiger und wagen sich etwas weiter von der Mutter weg.*

Oben: *Dieser afrikanische Jungelefant muss sich etwas höher nach der Zitze recken als die asiatischen Elefantenkälber, deren Mütter kürzere Beine haben.*

Oben: *Eine Elefantenmutter hat ihr Kleines ständig im Auge und hält, selbst wenn es hinter ihr herzottelt, mit den Hinterfüßen und gelegentlichen sanften Schwanzschlägen Kontakt mit ihm.*

Links: *Das neue Baby wird von den übrigen Herdenmitgliedern herzlich und aufgeregt begrüßt, indem sie es sanft berühren, an ihm schnuppern und zustimmend brummen und brüllen. Die Herde und vor allem die Schwestern und Tanten kümmern sich äußerst liebevoll und fürsorglich um den kleinen Elefanten.*

Jugend

Eine Elefantenkuh kommt irgendwann nach ihrem zehnten oder elften Geburtstag in die Pubertät und kann kurz darauf bereits trächtig werden, sie kann also ihr erstes Kalb schon mit 12, 13 oder 14 Jahren bekommen. Allmählich entwickelt sie nun stärkere Bindungen an die Herde als Ganzes, nicht mehr bloß an ihre Mutter, und wird dadurch von dieser unabhängiger, während sie sich in das matriarchalische System eingliedert. Im Alter von 15 Jahren hat sie höchstwahrscheinlich schon ein Kalb, auch wenn Elefanten erst mit etwa 20 Jahren als voll ausgereift und erwachsen gelten.

Theoretisch kann die junge Elefantenkuh danach alle vier oder fünf Jahre ein weiteres Kalb zur Welt bringen, aber Lücken von neun Jahren zwischen zwei Kälbern sind auch keine Seltenheit. Elefantenkühe bleiben bis in die Sechziger fruchtbar. Es gibt aber viele Faktoren, die die Fortpflanzung stören, so etwa Stressbelastungen durch menschliche Eingriffe, Massentourismus, übervölkerte Territorien oder Dürren, während derer die Empfängnisbereitschaft automatisch gehemmt wird, sodass die Fortpflanzungsrate sinkt.

Jungbullen beginnen ungefähr mit 10 bis 15 Jahren, Spermien zu produzieren, konkurrieren aber erst ab einem Alter von etwa 25 Jahren um paarungswillige Elefantenkühe.

Rechts: *Junge Elefanten nutzen ihre biegsamen Rüssel zum Rangeln, Schmecken, Spielen und Kommunizieren, wodurch sie die komplexen sozialen und kommunikativen Fertigkeiten entwickeln, die sie im Erwachsenenleben benötigen.*

Folgende Doppelseite: *Zwei Jungelefanten in engem Körperkontakt. Kälber erlernen ihr Verhalten weitgehend durch Beobachtung und Nachahmung der älteren Artgenossen und nicht rein instinktiv.*

Oben: *Wie beim Menschen sind auch beim Elefanten die beiden Gehirnhälften weitgehend für die jeweils entgegengesetzten Körperhälften zuständig. Der geschickte Einsatz des sehr vielseitigen Rüssels nimmt einen großen Teil der Gehirnleistung in Anspruch, und die Bevorzugung einer Rüsselseite entspricht in etwa unserer Links- oder Rechtshändigkeit.*

Rechts: *Rüsselkontakt zwischen Jungelefanten. Die Rüsselspitze mit den fingerartigen Fortsätzen ist feinmotorisch sehr geschickt, und wenn die Jungen ihren Rüssel erst richtig beherrschen, können sie selbst kleinste Gegenstände berühren oder greifen.*

Folgende Doppelseite: *Jungelefanten wachsen im Schoß einer liebevollen Familie auf – verwandte Kühe säugen mitunter sogar die Kälber der anderen mit. Schon im Babyalter marschieren die Kälber im Takt der Herde mit, wobei sie sich oft am Schwanz ihrer Mutter festklammern – oder von dieser von hinten gelenkt werden.*

In der Blüte des Lebens

Mit 20 Jahren hat sich ein Elefant den größten Teil seiner endgültigen Körpermasse angefuttert, doch er wächst den Rest seines Lebens langsam weiter. Den Höhepunkt seiner Leistungsfähigkeit erreicht er zwischen 30 und 45 Jahren.

Ausgewachsene Bullen führen die meiste Zeit ein Einzelgängerdasein, tun sich aber gelegentlich auch zu „Junggesellengruppen" zusammen. Selbst wenn sie allein herumstreifen, bleiben sie mit anderen Elefanten in der Umgebung ständig über Duftsignale und Infraschallrufe in losem Kontakt. Jungbullen loten die Stärke anderer Bullen in ihrer Umgebung aus und respektieren sie, wodurch sich eine Hierarchie zwischen den Bullen herausbildet. Mit zunehmendem Alter und Körperwachstum konkurrieren sie dann mit um die paarungswilligen Kühe, wobei generell gilt: Je älter ein Bulle, desto erfolgreicher ist er in diesem Bereich.

Erwachsene Elefanten suchen auch weiterhin engen Körperkontakt; Familienmitglieder stehen bei Ruhepausen oder beim Trinken oft so nah zusammen, dass sie sich berühren. Sie lehnen und reiben ihre Körper aneinander und berühren sich oft mit ihren Rüsseln. Afrikanische und asiatische Elefantenbullen pflegen mitunter vertrauten Umgang mit gleichgeschlechtlichen Artgenossen, wobei sie sich freundlich liebkosen, einander die Rüssel ins Maul stecken oder sie umeinander schlingen. Da sie vorwiegend in gleichgeschlechtlichen Verbänden leben, unterhalten beide Geschlechter intensive, dauerhafte Beziehungen zu anderen Angehörigen des eigenen Geschlechts.

Rechts: *Wenn sie in die Pubertät kommen, verlassen die männlichen Jungelefanten ihre Familienherde, suchen die Gesellschaft anderer Jungbullen und lernen von höherrangigen Bullen, was sie fürs Erwachsenenleben brauchen. Die jüngeren Elefanten zeigen großen Respekt vor diesen dominanten Bullen und können ihnen gegenüber sogar eine Art „Heldenverehrung" entwickeln.*

Oben: *Ein männlicher Einzelgänger, der mit den Ohren flappt. Jungbullen tun sich oft zu Junggesellenherden zusammen, aber ausgewachsene Bullen im besten Alter führen meist ein Einzelgängerleben, wobei sie allerdings über verschiedene Formen der Kommunikation mit ihren Artgenossen in Verbindung bleiben.*

Links: *In den frühen Jahren bringen die Leitkuh und andere ältere Kühe den Bullenkälbern Disziplin bei, doch im mittleren „Teeniealter" wird es für diese Zeit, die mütterliche Herde zu verlassen, um in Gesellschaft anderer Junggesellen erwachsen und selbstständig zu werden.*

Folgende Doppelseite: *Der ausgewachsene Elefantenbulle ist ein mächtiges, imposantes Tier mit kraftvollen Stoßzähnen, die er zum Kampf und zur Verteidigung gebraucht, aber auch, um nach Wurzeln, Wasser und Mineralien zu graben, und manchmal gar als eine Art Pflug.*

Alter und Tod

Elefanten können 60 oder 70 Jahre alt werden. Der Tod kündigt sich in der Regel an, wenn der letzte Satz Backenzähne abgewetzt ist. Wenn ein altes Herdenmitglied stirbt, verweilen die Familienangehörigen noch lange bei dem Kadaver. Sie scheinen eine tiefe Trauerphase durchzumachen, wachen manchmal wochenlang über den Körper und vollziehen dann eine Art Bestattungsritual, indem sie ihn mit Erde und Strauchwerk bedecken.

Manchmal besuchen die Elefanten diesen Ort noch jahrelang, streicheln die Knochen mit ihren Rüsseln und reiben ihre Rüssel sogar abwechselnd über die Zähne im Unterkiefer, so wie es lebende Elefanten zur Begrüßung tun.

Besonders groß ist die Trauer, wenn die Leitkuh stirbt. Die Herdenmitglieder betasten ihren Körper und später ihre Knochen in einer beklemmenden, stummen Totenwache. Offenbar brauchen sie diesen körperlichen Kontakt und kehren immer wieder zu ihrem Körper zurück. Selbst wenn die Herde auf ihren Wanderungen das Skelett eines fremden Elefanten entdeckt, hält sie inne, um die Knochen zu berühren, und scheint zu trauern.

Natürlich können auch junge Elefanten sterben, etwa wenn Jäger – Menschen oder Raubtiere – einen Elefanten im mittleren Alter töten oder sich ein Jungtier greifen. Wenn ein Elefantenbaby tot geboren wird, ist die Mutter oft untröstlich und hält mindestens drei Tage lang Wacht an seinem Körper. In all diesen Situationen wird die Trauer der anderen Elefanten offenbar und ist zutiefst bewegend für jeden, der dieses Phänomen schon einmal beobachtet hat. Alle Elefanten einer Herde merken sofort, wenn einem der Ihren etwas zustößt – und diese enge Verbundenheit wird bei Todesfällen besonders deutlich.

Links und rechts: *Elefanten können ein hohes Alter erreichen – manchmal bis zu 60 oder 70 Jahre. Innerhalb dieser Zeit erneuern sich ihre Backenzähne sechsmal. Wenn die letzten Zähne verschlissen sind, ist der Hungertod ihr unabwendbares Schicksal.*

Gibt es Elefantenfriedhöfe?

Es gibt viele Legenden darüber, dass sich Elefanten angeblich an geheime Versammlungsplätze zurückziehen, um dort inmitten der Überreste ihrer Vorfahren zu sterben. Tatsächlich wurden stellenweise große Ansammlungen von Elefantenknochen gefunden, was vermutlich Anlass zu diesen Geschichten über Elefantenfriedhöfe gegeben hat. Vermutlich aber kennzeichnen diese Knochenhaufen eher Schauplätze von Massensterben – etwa gefährliche Flussfurten oder Sümpfe, in denen viele Elefanten ums Leben kamen.

Am wahrscheinlichsten waren die Knochenfelder einmal Wasserstellen, an denen sich in Zeiten langer Dürre viele Elefanten versammelten. Auf ihrer verzweifelten Suche nach Trinkwasser und Abkühlung verdursteten die vielen Elefanten vielleicht gemeinsam, während der Schlamm immer weiter eintrocknete und zu ihrem Gemeinschaftsgrab wurde.

So sind wir dem Lebensweg der Elefanten durch alle wichtigen Stadien bis zum Ende gefolgt. Die Freude der Herde über jede Geburt zeugt ebenso wie ihre Trauer beim Verlust eines geliebten Herdenmitglieds von ihrer tiefen Sensibilität und ihren intensiven Gefühlsreaktionen auf alle wichtigen Ereignisse ihres Familienlebens.

Oben und rechts: *Elefanten betrauern den Tod jedes Herdenmitglieds. Sie vergießen Tränen, wenn sie Angst haben oder traurig sind. Ganz offensichtlich sind sie zu tiefen Gefühlen fähig.*

Elefanten und Menschen

Zwar haben Jäger, Wilderer und Elfenbeinhändler das Verhältnis zwischen Elefant und Mensch empfindlich gestört, doch es gab und gibt auch positive Erfahrungen. Elefanten haben Fürsten getragen, wurden für Prozessionen prachtvoll herausgeputzt, in Kunst, Literatur und Legenden verewigt, als Götter verehrt – und auf Safaris millionenfach fotografiert. Respekt und Sympathie für diese besonderen Tiere haben das Leben vieler Menschen enorm bereichert. Das großartigste Erlebnis ist es aber, den Elefanten in freier Natur zu begegnen.

Menschliche Einflüsse

Der Elefant ist seit uralter Zeit in Leben und Kulturen der Menschheit eingebunden. Konkret begegnet der Mensch dem Elefanten im Dschungel oder in der Savanne, jagt ihn als Fleisch- oder Elfenbeinlieferanten, beobachtet oder fotografiert ihn und zähmt ihn als Arbeits-, Zirkus- oder Zootier. Als Gegenpol zu diesen *realen* Kontakten haben die Elefanten aber auch Eingang in unsere Träume und Fantasien gefunden, wurden in Kunst und Literatur dargestellt, in Legenden und Mythen beschrieben oder als heilige Wesen, ja Götter, verehrt. Ihre Größe hat sie zu zeitlosen Symbolen der Stärke gemacht, und die Langlebigkeit verstärkt noch ihr Charisma.

Der Arbeitselefant

Der Arbeitselefant ist keine neue Erfindung. Menschen zähmten die ersten Elefanten wohl schon vor über 3000 Jahren. Siegel aus dem Industal, die vielleicht bis auf die Zeit um 1500 v. Chr. zurückgehen, tragen Reliefs, die möglicherweise domestizierte Elefanten zeigen.

Besonders der Asiatische Elefant bewährt sich seit vielen Jahrhunderten als Lasttier und Arbeitspartner der Menschen. Dieses mächtige Tier, das viele Kilometer durchmarschieren kann, ist das ideale „Geländevehikel": Es kommt selbst unter widrigsten Bedingungen nicht aus dem Tritt, etwa wenn der Monsunregen Wege und Pisten in schlammige Rutschbahnen verwandelt hat. Der Elefant schreitet unter allen Umständen forsch voran und verlässt sich darauf, dass seine breiten Fersenpolster sicher am Boden haften.

Rechts: *Dieses Wandrelief im Bayon-Tempel von Angkor Thom (Kambodscha), das vermutlich zu Beginn des 13. Jahrhunderts entstand, zeigt Krieger und prunkvoll geschmückte Elefanten.*

In abgelegenen Gegenden, wie Teilen Südostasiens, ist es oft ökonomischer, Elefanten für schwere Arbeiten einzusetzen, als sich mit Transport und Bedienung moderner Maschinen abzumühen. Allerdings braucht ein Arbeitselefant täglich 135 bis 270 kg Futter als „Brennstoff" für seine Arbeitsleistung. Elefanten können zwar abgerichtet werden, wurden aber nie domestiziert oder systematisch gezüchtet, wie etwa Hunde, Rinder oder Pferde.

Zähmung Afrikanischer Elefanten

Es heißt, Afrikanische Elefanten seien ihres heikleren Temperaments wegen schwieriger zu zähmen als die Asiatischen, doch andere Quellen behaupten, sie seien mit den richtigen Methoden (die von denen ihrer asiatischen Vettern abweichen können) sogar leichter abzurichten. Auf jeden Fall müssen sie in frühestem Alter gezähmt werden. Auch Afrikanische Elefanten haben schon im Dienste des Menschen gestanden, vor allem als Kriegselefanten. Man weiß, dass zumindest einige der Elefanten, die Hannibals Truppen 218 v. Chr. zum Angriff gegen die Römer über die Alpen trugen, afrikanischer Herkunft waren; vielleicht handelte es sich um die etwas kleineren Waldelefanten.

Noch in wesentlich jüngerer Zeit (während der Kolonialära) wurden in Belgisch-Kongo (später Zaïre, heute Demokratische Republik Kongo) afrikanische Waldelefanten als Arbeitstiere eingesetzt. Man rekrutierte erfahrene indische Mahuts (Elefantenführer), um Afrikanische Elefanten einzufangen und abzurichten, in diesem Fall wohl nach der asiatischen Methode – allerdings nur sehr junge Elefantenwaisen. Einige zahme Afrikanische Elefanten dienen heute als Reittiere für Fotosafaris, andere schleppen Baumstämme.

Die Einstellung zu Elefanten war in Afrika und Asien schon immer sehr unterschiedlich. Bereits um 300 v. Chr.

war es im indischen Maurya-Reich tabu, Elefanten zu töten, weil sie für die Armee des Königs gebraucht wurden, der auch die Wälder als ihren Lebensraum schützen ließ. Diese Naturschutzdebatte ist heute in Asien wieder hochaktuell.

In Afrika dagegen wurde der Elefant nie so hoch geschätzt. Professor Raman Sukumar erläuterte 2003 bei einem Vortrag in Oxford seine These, dass die Tradition des Elefantenfangs und -abrichtens in Afrika ausstarb, in Asien dagegen erhalten blieb, weil sie dort mit dem Aufstieg der mächtigen Republiken und Fürstentümer zusammenfiel, in denen Elefanten „für die Einheimischen lebend mehr Nutzen hatten und haben als tot, während sie in Afrika den Einheimischen mitunter tot mehr nutzen als lebendig." Jedenfalls wurden Elefanten in Asien jahrhundertelang in Armeen, bei der Holzfällerei und im Bauwesen eingesetzt, während sie in Afrika von Großwild- und Elfenbeinjägern verfolgt und abgeschlachtet wurden.

Oben: *Heute können Touristen in Afrika nicht nur auf den Anblick wild lebender Elefanten hoffen, sondern sogar auf Afrikanischen Elefanten ausreiten, was die verbreitete Meinung widerlegt, diese ließen sich nicht so gut zähmen wie ihre asiatischen Verwandten.*

Linke Seite: *Die Mahuts entwickeln eine sehr enge Beziehung zu den ihnen anvertrauten (Asiatischen) Elefanten. Die Elefanten helfen in der Forstwirtschaft beim Fällen von Bäumen, tragen kleinere Stämme mit dem Rüssel und schleppen enorme Lasten.*

Folgende Doppelseite: *Mahuts baden ihre Elefanten im berühmten Elefantennaturpark bei Chiang Mai, Thailand. Er wurde 1996 als Reservat für Elefanten in Not von Sangduen „Lek" Chailert gegründet, der erschüttert über die Lebensbedingungen vieler Arbeitselefanten war. Hier haben freiwillige Helfer die Möglichkeit, mit den Tieren in engen Kontakt zu treten, während sie sich an der Pflege der 25 bis 30 Elefanten beteiligen.*

Forstwirtschaft

In Friedenszeiten setzten die einstigen Könige von Sri Lanka die Elefanten beim Bau ihrer Städte ein. Elefanten schleppten die schwersten Baumaterialien, etwa kolossale Granitsäulen, auf robusten Flachkarren. Einige Gesellschaften missbrauchten ihre Elefanten sogar als „Henker", die Verurteilte zu Tode trampelten!

Heute noch werden Elefanten für Aufgaben in der Forstwirtschaft eingesetzt, die große Kräfte erfordern – wie das Wegschleppen von Baumstämmen oder die Entwurzelung von Bäumen. Auch wenn sie vielerorts durch moderne Traktoren ersetzt wurden, hält man anderswo an ihnen fest, weil sie schonender für die Ökosysteme sind, vor allem in wertvollen Regenwäldern.

Einst wurden Elefanten auch bei Holzfällerarbeiten in den üppigen Teakwäldern eingesetzt, wie sie etwa in Thailand gediehen. Leider sind die meisten dieser südostasiatischen Wälder – besonders in Kambodscha, Thailand und auf Sumatra – durch illegale Abholzung und Brandrodung in erschreckendem Tempo geschrumpft. Thailand sah sich 1990 gezwungen, Abholzungen komplett zu verbieten. Seitdem sind Tausende von Mahuts (Elefantenführer) arbeitslos, und viele Arbeitselefanten wurden aufgrund des Niedergangs der Branche vernachlässigt oder schlecht behandelt. Ihr Lebensraum schwindet derweil trotzdem weiter, und bei den illegalen Abholzungen sind paradoxerweise wohl immer noch mehrere Tausend Elefanten im Einsatz.

Es ist generell wirtschaftlicher, wilde Jungelefanten einzufangen und für den Arbeitseinsatz zu zähmen, als sie zu züchten, da Geburten bei Elefanten in Gefangenschaft rar sind. Bis vor Kurzem setzte man zahme Elefanten ein, um frisch gefangene Elefanten im Korral (Fanggehege für Wildtiere) zu beruhigen, bis man sie sicher anpflocken konnte, aber heute benutzt man lieber Betäubungsgewehre.

Die Mahuts entwickeln normalerweise sehr enge Beziehungen zu ihren Anbefohlenen. Unter ihrer Anleitung helfen die Elefanten, Bäume selektiv zu fällen, tragen kleinere Stämme mit dem Rüssel und schleppen enorme Holzlasten von über 4 t Gewicht hinter sich her – manchmal wird dazu ein Paar zusammen angeschirrt. Myanmar hält bis heute an den uralten Traditionen der Arbeitselefanten fest.

Oben und linke Seite: *In den Wäldern von Myanmar dirigieren birmanische Mahuts Elefanten, die schwere Teakstämme tragen oder Holzlasten die steilen, verschlammten Hänge hinaufschleppen.*

Elefanten ziehen in den Krieg

Man hat Elefanten nicht von ungefähr als Vorläufer der Militärpanzer bezeichnet. Sie zogen schon mit den Persern ins Feld, und nach dem Sieg Alexanders des Großen über den indischen König Poros in der Schlacht am Hydaspes 326 v. Chr. wurden erbeutete Kriegselefanten zum Symbol fürstlicher Macht und als solches auf Münzen verewigt. Ihre enorme Größe und Kraft versprachen den Feldherren allerlei Vorteile – nicht zuletzt das Element der Überraschung, wie es bei Hannibal der Fall war, der mit seinen Kriegselefanten Geschichte machte.

Hannibal Barkas gilt als einer der größten Heerführer der Geschichte. Der junge Feldherr aus Karthago im heutigen Tunesien, Nordafrika, bereitete 218 v. Chr. einen Angriff gegen die Römer in Italien vor, indem er eine Armee aus 40 000 Soldaten und 38 Elefanten von Spanien nach Frankreich führte. Er ließ die Elefanten auf riesigen Flößen über die Rhône schiffen und dann mit seinem Heer über die Alpen nach Italien marschieren, wo er auf seinem Weg nach Süden mehrere Schlachten gewann – auch wenn er Rom letztlich nicht erobern konnte. Vermutlich waren es nordafrikanische Waldelefanten, die unter seinem Kommando mit in den Krieg zogen. Sie sind zwar etwas kleiner als ihre Vettern aus der Savanne, aber zweifellos groß genug, um unter den Fußsoldaten schreckliche Verheerungen anzurichten und den Gegner – einschließlich seiner Kavalleriepferde – in Angst und Schrecken zu versetzen.

Die Römer griffen diesen taktischen Geniestreich bald auf, und man glaubt, dass Julius Caesar bei seinem Britannien-Feldzug 54 v. Chr. auf einem Elefanten reiste. Beim Anblick dieses riesigen, exotischen Ungeheuers, des ersten seiner Art auf britischem Boden seit dem Aussterben der Mammute, flohen die Briten in Panik, sodass die Römer die Themse ungehindert überqueren konnten.

Als der Mongole Timur Lang (Tamerlan) 1398 die Stadt Delhi angriff, musste er feststellen, dass sie von einem Elefantenkorps verteidigt wurde. Die Tiere stoben jedoch panisch auseinander, als Timurs Soldaten eine Schar Fackeln tragender Kamele auf sie hetzten.

Die Birmanen entwickelten eine Art raffinierten Festungsbau für den Elefantenrücken, von dem ein rundes Dutzend Krieger Pfeile abschießen, Wurfspeere schleudern oder Langspeere führen konnte. Berichte aus dem 17. Jahrhundert erzählen von einem Elefanten in Indien, der mit einer Ketten- und Plattenrüstung ausgestattet war.

Auch später blieben Elefanten wichtige militärische Transportmittel und Kundschafter für schwieriges Dschungelterrain, da sie Schneisen durch dichte Vegetation bahnen, reißende Gewässer durchqueren und steile Hänge erklettern können. Konventionellen Fahrzeugen sind sie in mehrerer Hinsicht überlegen: Sie bieten einen hohen Ausguckpunkt, benötigen nur die umgebende Vegetation als „Kraftstoff", können Flüsse überwinden, hinterlassen keine Reifenspuren und bewegen sich leise fort.

Auf Sri Lanka dienten Elefanten bei vielen Kriegen gegen Invasoren als Soldatentransporter. Im Zweiten Weltkrieg halfen Elefanten an der Fernostfront, Flugzeuge der Alliierten zu schleppen, trugen schwere militärische Ausrüstung durch den Schlamm und die steilen Hänge der asiatischen Kriegsschauplätze hinauf und wirkten beim Bau der berüchtigten Brücke am Kwai in Siam (dem heutigen Thailand) mit. Noch in den 1960er-Jahren, während des Vietnamkriegs, transportierten Elefanten Nachschub zu den Truppen.

Oben links: *Herausgeputzte Elefanten und ihre Mahuts warten am Roten Fort im nordindischen Agra auf Touristen, die von der erhöhten Warte des Elefantenrückens einen guten Blick auf die Attraktionen der Gegend genießen.*

Rechts: *Die Schlachtszene aus einer Mogulminiatur des 17. Jahrhunderts zeigt einen Elefanten mitten im Getümmel, der seinen Reitern den Vorteil einer erhöhten Angriffsposition verschafft.*

Safaris und Jagd

Nachdem die Europäer begonnen hatten, das Innere Asiens zu erkunden, und insbesondere während der britischen Kolonialherrschaft in Indien, entstand das Urbild, quasi der Prototyp des viktorianischen Jägers (oft ein Offizier oder Aristokrat) mit hellem Safarianzug, Tropenhelm und Flinte, der auf einem Elefant thronend zur Jagd ritt. Diese Praxis führte zur Beinahausrottung der Tiger: Ausbeute dieser Jagdausflüge mit Elefanten waren allzu oft Tiger, deren Felle als Trophäen nach Europa verschickt wurden. Auch die Einheimischen hatten Elefanten natürlich schon lange vor Ankunft der ersten Europäer bei der Tiger- und Wildschweinjagd eingesetzt.

Der Elefant war ein ideales Transportmittel, das Fürsten, Offizieren und Entdeckungsreisenden einen ausgezeichneten, weil hohen und relativ sicheren Aussichtspunkt bot, um die Tierwelt Asiens zu beobachten. Die mobile Aussichtsplattform hebt die Reiter hoch über das dichte Gras und erfüllt diesen Zweck bis heute für Touristen des 21. Jahrhunderts, die zum Glück mit Kameras statt Gewehren ausgestattet sind.

Auch Forscher nutzen Elefanten noch heute als Beförderungsmittel, um die Tierwelt in Sumpfgebieten zu studieren, die anders nicht erreichbar wären oder deren tierische Bewohner vor moderneren Vehikeln die Flucht ergreifen würden. Elefanten bewegen sich wesentlich unauffälliger und leiser durch den Dschungel als jedes Motorfahrzeug.

Oben: *Flussdurchquerung im Tropendschungel von Sri Lanka, während die „Passagiere" nach Tieren – Vögeln und Schmetterlingen, Geckos, Sambars (Pferdehirschen) und Affen – Ausschau halten.*

Rechts: *Touristen auf Fotosafari in Simbabwe. Die hohen Rücken der Afrikanischen Elefanten bieten einen hervorragenden Rundumblick. Die Elefantenführer heißen hier „Indunas".*

Wilderei und Elfenbein

Dank ihrer gewaltigen Größe haben die Elefanten kaum natürliche Feinde – bis auf die Menschen, die sie seit undenklichen Zeiten wegen des Elfenbeins abschlachten. Die Eindämmung des illegalen Elfenbeinhandels bleibt schwierig, weil das „weiße Gold" so hohe Preise erzielt. Wissenschaftler arbeiten heute mit DNA-Analysen, um die Herkunft illegal erworbener Stoßzähne zurückzuverfolgen.

Nachdem die afrikanische Elefantenpopulation innerhalb von nur neun Jahrzehnten von mehreren Millionen auf unter 700 000 Tiere geschrumpft war, wobei sie sich zuletzt allein in den 1980er-Jahren nochmals halbierte, war ein so kritischer Punkt erreicht, dass die 115 Unterzeichnerstaaten des Washingtoner Artenschutzabkommens (CITES) 1989 den Handel mit Elfenbein praktisch weltweit verboten. Dadurch ging die Elefantenjagd zum Glück zurück, was aber noch kein Grund ist, sich beruhigt zurückzulehnen. Manche Berichte deuten darauf hin, dass die Wilderei schon wieder zunimmt. Der Anblick eines riesigen Haufens beschlagnahmter Stoßzähne führt das erschreckende Ausmaß des Schlachtens bildlich vor Augen.

Zudem werden viele Elefanten auch als Fleischlieferanten erlegt, vor allem in Zentralafrika, wo die illegale Jagd weit verbreitet ist. Und skrupellose Tierhändler schrecken immer noch nicht davor zurück, aus rein kommerziellen Motiven Elefanten einzufangen und weit weg von ihrer Heimat und ihren Familien zu verschleppen.

Oben: *Auf diesem Scheiterhaufen aus über 20 t beschlagnahmter Elefantenstoßzähne verqualmen die Gewinnerwartungen der Wilderer.*

Nachbarschaftsquerelen

Die menschliche Bevölkerung Afrikas und Asiens hat sich seit Beginn des 20. Jahrhunderts verdoppelt – die schnellste Wachstumsrate weltweit. Menschen und Elefanten stehen nun in direkter Konkurrenz um Lebensraum, da immer mehr Menschen Holz als Brenn- und Baustoff und Boden für die Landwirtschaft benötigen. So verwandeln sich Wälder und Savannen zunehmend in Acker- und Weideland.

In den Augen der Bauern und ihrer Familien sind Elefanten keine guten Nachbarn, vor allem, wenn sie Zäune einreißen und Ernten plündern. Die Elefanten ihrerseits scheren sich nicht um solche Verstimmungen, wenn die köstlichen Ananas in ordentlichen Reihen nur auf sie zu warten scheinen. Doch die erbosten Bauern gehen mitunter so weit, die Plünderer zu vergiften oder abzuschießen, um ihre Ernten zu schützen.

Das Verhältnis ist zum Zerreißen gespannt, wenn gelegentlich noch bosartige Einzelgänger (aggressive Elefantenbullen während der Paarungszeit) durch die Dörfer wüten. Manche Länder haben Abschussprogramme eingerichtet, in deren Rahmen Wildhüter oder Jäger eine vorgegebene Anzahl von Elefanten erlegen dürfen, etwa im Krüger-Nationalpark und in Botsuana.

Auch in Asien gibt es Ärger, wenn die Elefanten Ernten ruinieren und Leben gefährden – sie töten im Jahr bis zu 500 Menschen. Die Elefantenkühe sind mangels Stoßzähnen nicht so gefährdet, dafür sind die Asiatischen Elefanten immer stärker durch schrumpfende Lebensräume bedroht.

Oben: *Immer noch werden Afrikanische Elefanten Opfer skrupelloser Wilderer, die die ungebrochene Nachfrage nach Elfenbein bedienen wollen. Die Bauern ihrerseits wehren sich gegen die Zerstörung ihrer Zäune und Felder durch die Elefanten.*

Zirkus und Zoo

Elefanten sind in der Manege aufgetreten, seit die alten Römer den Begriff *circus* prägten. Für solche Zirkusauftritte wurden hauptsächlich die gutmütigeren und ausgeglicheneren Elefantenkühe dressiert, doch Jumbo, der berühmte Elefant des Zirkusdirektors P. T. Barnum, war ein Bulle.

Er wurde 1861 in Äthiopien als Jungelefant gefangen, nach Kairo gebracht, an den Pariser Jardin des Plantes vermittelt und schließlich 1865 gegen ein Nashorn zum Londoner Zoo getauscht. Dort taufte man ihn auf Jumbo um (nach Jambo oder Jumbe), das Suaheliwort für „Hallo", und ließ Tausende von Kindern auf seinem Rücken reiten, bevor er schließlich von Zirkusdirektor Barnum erworben wurde. Jumbo wurde 1885 beim Umladen an einem Bahnhof im kanadischen Ontario von einem Zug erfasst und getötet, aber sein Name überlebte ihn – im Englischen als genereller Begriff für etwas sehr Großes und im Deutschen immerhin als Bezeichnung für Großraumflugzeuge.

Erst vor Kurzem wurde öffentlich, dass in der Zeit zwischen dem Amerikanischen Bürgerkrieg und dem Ersten Weltkrieg alle männlichen Elefanten in amerikanischen Zirkussen wegen ihres unberechenbaren Verhaltens während der Musth getötet wurden. So marschierten schließlich nur noch Elefantenkühe (teils unter männlichen Namen) in der Zirkusparade mit.

Viele Zoos sind nach wie vor stolz auf ihre Elefantengehege, deren gewaltige Bewohner von den Besuchern bestaunt werden. Natürlich gehören diese mächtigen Geschöpfe eigentlich in die freie Wildbahn, aber immerhin sind die heutigen Elefantengehege viel größer und artgerechter geworden. Man weiß auch sehr viel mehr über die Bedürfnisse der Elefanten und legt Wert darauf, die Besucher umfassend zu informieren. Elefantengeburten in Gefangenschaft werden vom Zoopersonal und vom Publikum immer begeistert zur Kenntnis genommen, und ihre Zahl ist durch fortschrittliche Techniken der künstlichen Besamung erheblich gestiegen. Trotzdem finden manche Zoos, die um die Zukunft der Elefanten besorgt sind, es heute ethisch unvertretbar, sie in dieser Weise zur Schau zu stellen.

Oben links: *Jumbo wurde 1861 in Afrika gefangen, kam über Kairo und Paris nach London (s. Bild) und zuletzt nach Amerika zum Zirkus. Er wurde 24-jährig von einem Güterzug überfahren.*

Oben: *Elefantendressur beim 27. Zirkusfestival von Monte Carlo, 2002. Trotz unseres gewandelten Bilds von den Elefanten sind sie immer noch oft bei Shows dieser Art zu sehen.*

Oben rechts: *Dieser Jungelefant zeigt seine Tricks in Thailand, nicht weit vom Ayutthaya Elephant Camp, das ausgemusterte Arbeitselefanten aus Bangkok aufnimmt.*

Rechts: *Dieses Kalb wurde im Mai 2007 im Tierpark Berlin-Friedrichsfelde geboren. Seine unerfahrene Mutter schubste es in den Graben, aber die Pfleger retteten es und vereinten die beiden wieder, nachdem die Elefantenkuh sich auf ihre Mutterrolle eingestellt hatte.*

Religion und Kultur

Wir wissen heute eine Menge über die Intelligenz der Elefanten, ihre engen Familienbande, ihre Kommunikationsfähigkeit und Empfindsamkeit. Diese Eigenschaften, in Kombination mit ihrer enormen Größe und Würde, haben den Menschen die Jahrhunderte hindurch immer wieder Bewunderung abgenötigt und die Elefanten mancherorts zum Teil der religiösen Kultur werden lassen.

In vielen asiatischen Kulturen spielen Elefanten eine wichtige Rolle. In Thailand etwa ist der Elefant Nationalsymbol und wird auf Gebäuden und in Form von Skulpturen dargestellt. Von 1816 bis 1916 zierte er sogar die thailändische Nationalflagge.

Dem Elefanten wird oft mystische Kraft zugeschrieben. Vielerorts gilt er als Reittier eines Propheten oder Gottes und wird manchmal sogar selbst als Gott verehrt. In Indien, wo die Hindus einen großen Teil der Bevölkerung stellen, ist der Elefant heilig, was ihn oft vor dem Tode schützt.

Oben: *Die monumentalen Elefantenreliefs von Mamallapuram, Indien, aus dem 7. Jahrhundert gehören zum Weltkulturerbe.*

Unten: *Eine Hindufrau empfängt den sanften Segen eines majestätischen, geschmückten, geschminkten und manikürten Elefanten im Tempel von Kanchipuram, Indien.*

Ganesha

Der Hindugott Ganesha ist der Gott der Lehrer und Schüler, ein Glücksbringer, der Hindernisse aus dem Weg räumt und Bittstellern hilft, die zu einer Reise aufbrechen, ein Fahrzeug kaufen oder eine schwierige Zeit vor sich haben, wie etwa Prüfungen oder die Gründung eines Unternehmens. Außerdem ist er der Gott der Kunst, Wissenschaft, Literatur und Schreibkunst.

Ganesha trägt einen Elefantenkopf als Symbol für Weisheit und Wissen. Seine großen Ohren symbolisieren die Fähigkeit zum geduldigen Zuhören, und seine kleinen Augen können in die Zukunft sehen und die Wahrheit erkennen. Sein langer Rüssel wittert Gut und Böse, und sein dicker Bauch zeigt, dass er das Beste – und das Schlimmste – im Leben verdauen kann.

Er hat in der Regel vier Arme, manchmal auch drei Augen, trägt eine Gebetskette und bestimmte andere Insignien. Sein Reittier – eine Maus – ist stets in der Nähe.

Oben: *Im indischen Mumbai werden beim Fest des Ganesha riesige Statuen dieses Gottes der Weisheit und des Erfolgs im Prozessionszug durch die Straßen gefahren und zuletzt im Meer versenkt.*

Unten: *Elefanten und Pilger im rosafarbenen Morgenlicht. Elefanten sind in Indien oft Teil weltlicher und religiöser Festlichkeiten.*

Feste und Zeremonien

Elefanten werden von alters her bei Zeremonien und zur Prunkentfaltung eingesetzt. Im alten Rom gingen sie bei Militärparaden mit und traten in Amphitheatern auf, doch die wichtigste religiöse und zeremonielle Rolle spielten Elefanten stets in Asien. Hier spiegelt sich ihre kulturelle Bedeutung in ihrer Teilnahme an vielen Festlichkeiten, zu denen sie grandios herausgeputzt werden.

Buddhistische Tempel lassen kostbare Reliquien bei Prozessionen oft von einem imposanten, üppig geschmückten Elefanten tragen, der majestätisch durch die Straßen schreitet. Bei der alljährlichen Zeremonie von Kandy, Sri Lanka, gilt er als einzige Kreatur, die würdig ist, das geheiligte Reliquiar mit der kostbaren Zahnreliquie des Buddha zu tragen.

Manchmal, so etwa beim Elefantenfest im indischen Rajasthan, werden die teilnehmenden Elefanten mit kunstvollen Mustern in leuchtenden Farben bemalt, bis hin zu den Fußnägeln. Mit kostbaren Stoffen und glitzerndem Schmuck behangen, bieten die farbenprächtig herausgeputzten Dickhäuter ein umwerfendes Schauspiel, wenn sie inmitten von Musik, Tanz und Konfettiregen durch die Straßen ziehen.

Viele Menschen haben Elefantenstatuen und -figuren als Glücksbringer in ihrem Heim. Zum Abschluss der zehntägigen Feiern zum Geburtstag von Ganesha werden in Indien alljährlich zahllose Lehmfiguren des elefantenköpfigen Gottes – darunter auch riesige Statuen, die auf Karren oder Lastwagen befördert werden – in Flüssen oder im Meer versenkt.

Oben: *Beim Holi-Farbenfest und Elefantenfest in Jaipur, Indien, feiert man den Frühlingsanfang mit Freudenfeuern, Tanz und Elefantenparaden, zu denen die Tiere mit klimperndem Schmuck behängt werden. Die Mahuts bemalen Rüssel, Stirn und Füße der Elefanten kunstvoll mit Blumenmustern.*

Oben links: *Der alljährliche King's Cup, ein Elefanten-Poloturnier in Thailand, ist eine Benefizveranstaltung für das Nationale Elefanten institut in Lampang, das sich um die medizinische Versorgung, Nahrung, Arbeit, finanzielle Unterstützung und das Mahut-Training für Thailands Elefantenpopulation kümmert.*

Linke Seite: *Knallbunt bemalter und mit prachtvollen Tüchern und Quasten behängter Elefant beim Farbenfest in Jaipur, Rajasthan.*

Mythen, Legenden und Kunst

Es heißt, dass Elefanten nie vergessen. Auf jeden Fall beweisen sie erstaunliche Gedächtnisleistungen, wenn es um Futter- und Wasserquellen geht – zu denen sie über Generationen denselben Wegen folgen. Vor allem die weise Leitkuh scheint bekannte Gesichter selbst nach jahrzehntelanger Trennung wiederzuerkennen, durchschaut, ob fremde Elefanten freundliche oder unfreundliche Absichten hegen, und kann sich sogar an einzelne Menschen erinnern.

Es gibt viele faszinierende Mythen und Legenden über Elefanten. Schon einige der allerersten menschlichen Malereien aus der Steinzeit stellten Mammute dar. Ein indisches Volksmärchen erzählt, dass die Elefanten einst am Himmel flogen, bis sich ein Einsiedler über den Lärm ärgerte, den sie in einem Baum über ihm veranstalteten, und noch mehr, als ein abgebrochener Ast auf ihn fiel. Deshalb nutzte er seine besonderen Kräfte, um sie ihrer Flügel zu berauben. Vielleicht war Disneys kleiner Dumbo mit den riesigen Ohren also gar nicht der erste fliegende Elefant?

Im Chinesischen klingt „auf einem Elefanten reiten“ wie das Wort für „Glück“. Und Kautiliya, ein früher buddhistischer Gelehrter in Indien, verkündete: „Ein König, der für seine Elefanten stets so sorgt wie für seine eigenen Söhne, wird immer siegreich sein und nach seinem Tod die Freundschaft der Himmelswelt genießen.“

*Detail eines Elefantenreliefs **(oben)** an einem königlichen Zenotaph in der alten Gartenanlage von Kshar Bagh, Bundi, Indien, und ein Wandbild **(rechts)** an den Mauern von Mandawa, Rajasthan, Indien.*

Giganten des Tierreichs

Elefanten beeindrucken uns nicht nur durch ihre Größe und Würde. Sie entwickeln enge Familienbindungen und feste Sozialstrukturen, unterhalten aber auch individuelle Beziehungen, die weit über die Grenzen der unmittelbaren Familienherde hinausgehen, sodass sich einzelne Tiere auch nach langer Trennung herzlich begrüßen.

Sie können Laute nachahmen, die Rufe zahlreicher anderer Elefanten im Gedächtnis behalten und auf eine Art und Weise kommunizieren, die wir gerade erst zu erfassen beginnen. Schwingungen, die sie mit ihren Füßen erzeugen, verbreiten sich als niederfrequente Schallwellen über weite Entfernungen. Bis vor Kurzem hielt man die ausgewachsenen Elefantenbullen für griesgrämige Einzelgänger, aber heute gibt es Hinweise, dass sie, auch wenn sie räumlich von den anderen getrennt leben, doch über erhebliche Entfernungen mit ihren Artgenossen kommunizieren.

Elefanten sind ganz offensichtlich Tiere mit gutem Gedächtnis, die tiefe Gefühle empfinden und ausdrücken und große Zuneigung zueinander erkennen lassen. Sie suchen engen körperlichen Kontakt, indem sie einander berühren und ihre Rüssel verschlingen, und reagieren äußerst emotional auf Geburten und Todesfälle innerhalb ihrer Herde.

Jüngere Untersuchungen deuten an, dass die Elefanten über ein größeres Spektrum kognitiver Fähigkeiten verfügen, als uns bislang klar war. Wahrscheinlich werden wir ihren Verstand und ihre Sensibilität erst richtig würdigen können, wenn wir unsererseits mehr Verständnis und Sensibilität in unserem Umgang mit ihnen zeigen. Alle Nationalparks, Schutz- und Umsiedelungsprojekte, die so intensiv daran arbeiten, das Überleben der Elefanten und ihren Lebensraum zu sichern, brauchen dringend internationale finanzielle und ideelle Unterstützung.

Je mehr wir über die Elefanten erfahren, desto dringender erscheint es, die anhaltende Wilderei und Abschlachtung zu verhindern, uns aktiv für die grauen Riesen einzusetzen, Wildkorridore einzurichten sowie den Status

und die Bestände dieser wunderbaren Geschöpfe genauer zu überwachen. Wir müssen alle zusammenarbeiten, um die Elefanten vor dem Aussterben zu bewahren und sicherzustellen, dass diese Giganten des Tierreichs auch zukünftige Generationen noch verblüffen, dass unsere Enkel noch lebende Elefanten zu sehen bekommen und sie nicht von der Erde verschwinden wie jene anderen Giganten, die Dinosaurier, vor ihnen.

Oben: *Alle Lebewesen sind mit angeborenen Instinkten ausgestattet, aber die Elefanten besitzen darüber hinaus, ähnlich wie der Mensch, ein beträchtliches Lernvermögen. Ihr Verstand entwickelt sich durch persönliche Erfahrungen und die Erziehung durch die Herde.*

Linke Seite: *Elefanten schöpfen aus dem Wissensreservoir der Herde und sind nach den ersten 20 Lebensjahren so weit, ihr eigenes wertvolles Wissen an jüngere Familienmitglieder weiterzugeben.*

Faszinierende Fakten

• Es gibt etwa 400000 bis 660000 Afrikanische Elefanten in freier Wildbahn. Die Asiatischen Elefanten werden auf maximal 50000 geschätzt; der World Wildlife Fund geht sogar nur von 25600–32750 (und 15000 in Gefangenschaft) aus – sie sind also viel stärker gefährdet.

• Der Elefant ist das größte Landtier der Welt. Die mächtigsten afrikanischen Steppenbullen haben rund 3,3 bis 3,7 m Schulterhöhe und wiegen bis etwa 10 t. Nur die Giraffe überragt sie in der Höhe.

• 1955 wurde am Fluss Cuando in Südafrika ein riesiger Elefant erlegt, der angeblich 4 m Schulterhöhe, ein Gewicht von 15 t und Stoßzähne von über 4 m Länge hatte.

• Die durchschnittliche Lebensdauer der Elefanten beträgt etwa 60 bis 70 Jahre.

• Manche Herden können an einem einzigen Tag fast 200 km zurücklegen. Das normale Marschtempo beträgt etwa 6,5 km/h.

• Elefanten benutzen Schlamm als Sonnenschutz für ihre empfindliche Haut.

• Die Elefantenhaut ist stellenweise bis zu 2,5 cm dick, aber trotzdem so empfindlich, dass jede Fliege registriert wird.

• Bei Lufttemperaturen über 25 °C wedeln die Elefanten mit ihren großen Ohren, die als „Klimaanlage“ dienen. Das Blut, das durch ein verzweigtes Netz von Blutgefäßen in den Ohren zirkuliert, kühlt durch den Luftzug um 5 °C oder mehr ab, bevor es in den Hauptblutkreislauf zurückfließt.

• Ohrenform und -muster jedes Elefanten sind einzigartig und dienen Forschern zur Identifizierung der einzelnen Tiere. Die Ohren der Afrikanischen Elefanten sind mit 1,8 x 1,2 m Fläche etwa dreimal so groß wie die der Asiatischen Elefanten.

• Der Rüssel enthält keinerlei Knochen, sondern besteht aus 16 Hauptmuskeln und rund 150000 speziellen „Muskeleinheiten“ für die Feinmotorik sowie einer hochsensiblen, von Nervenenden durchzogenen Rüsselspitze.

• Der Rüssel ist die längste Tiernase der Welt und kraftvoll genug, um einen Löwen mit einem Schlag zu töten. Er ist auch als Schnorchel nützlich, wenn der Elefant tiefes Wasser durchschwimmt.

• Der Elefant hat die größten Zähne aller Tiere und verschleißt im Laufe seines Lebens sechs Sätze Backenzähne. Die neuen Zähne wachsen hinten im Kiefer nach und schieben dabei die älteren nach vorn, wo sie sich durch den Gebrauch abnutzen und schließlich ausfallen.

• Die Stoßzähne sind verlängerte Schneidezähne. Sie fallen normalerweise nicht aus, sondern wachsen ständig weiter – beim ausgewachsenen Elefantenbullen um rund 17 cm pro Jahr bis auf eine Länge von fast 2 m, wovon ein Viertel im Kiefer liegt. Diese enormen Schaufeln, die auch als Schaber und Waffe dienen, wiegen pro Stück über 100 kg. Elefanten sind rechts- oder linkszähnig, so wie wir Rechts- oder Linkshänder sind.

• Aus Elefantenelfenbein, auch „weißes Gold“ genannt, wurden früher Billardkugeln hergestellt, aber auch hochwertige Möbelintarsien und wertvolle Kunstgegenstände.

• Der Elefant hat die längste Tragzeit aller Säugetiere – bis über 600 Tage oder um die 20 Monate.

• Die extrem nährstoffreiche Elefantenmilch ist so gehaltvoll, dass kein anderes Tier (und auch kein Mensch) sie richtig verdauen könnte.

• Elefanten erkennen sich auch nach langjähriger Trennung wieder.

• Beim Trinken saugt der Elefant das Wasser ein Stück weit in den Rüssel, legt dann den Kopf zurück und lässt das Wasser in sein Maul rinnen. Ein Schluck besteht in der Regel aus rund 5–10 l Wasser.

• Ein Elefant nimmt im Schnitt täglich 100–200 kg Futter zu sich und verwandelt mehr als die Hälfte davon in Dung. Außerdem gibt er durch Rülpsen und Blähungen etwa 2000 l Methan von sich.

• Elefantendung besteht zum großen Teil aus Fasermaterial, das sich zu hochwertigem Papier verarbeiten lässt. Dazu wird getrockneter Elefantendung in den Schutzgebieten eingesammelt und in Papiermühlen gespült, gekocht, gefärbt und mit zusätzlichen Fasern von Bananen- und Ananaspflanzen angereichert, um das Papier stabiler zu machen. Dann formt man aus der Masse kleine „Oblaten", die auf rechteckigen Flachsieben ausgelegt, in der Sonne getrocknet und schließlich als Papierbögen abgezogen werden.

• Elefanten sind erstaunlich agil – sie können rückwärts gehen, sich an einem Baum (oder bei der Paarung) auf die Hinterbeine stellen, steile Hänge hinaufklettern und selbst tiefe, reißende Gewässer sicher durchschwimmen.

• Forscher glauben heute, dass Elefanten rund 25 km/h schnell werden können, indem sie beim Laufen in die Knie gehen und hin- und herschaukeln, um Geschwindigkeit zu gewinnen. Ein angreifender Elefant erreicht über wenige Meter sogar bis über 40 km/h.

• Elefanten können sich über weite Entfernungen mit Infraschall verständigen, um Artgenossen zum Beispiel vor drohenden Gefahren zu warnen oder über ihre Paarungsbereitschaft zu informieren.

• Frühmorgens oder abends, wenn die Luft auf Bodenhöhe kühl ist und kaum Interferenzen auftreten, breiten sich die Infraschallrufe der Elefanten über einen Bereich von knapp 300 km^2 aus.

• Fossilien und biologische Analysen deuten darauf hin, dass die kleinen Schliefer und die Seekühe die engsten Verwandten der Elefanten sind.

• Die erste Bombe, die die Alliierten im Zweiten Weltkrieg auf Berlin abwarfen, tötete den einzigen Elefanten des Berliner Zoos.

• Aristoteles, die alten Chinesen und die frühen Christen priesen die Keuschheit, Treue und Bescheidenheit des Elefanten. Man glaubte, dass er sich nur sehr selten paart – und dann nur im Wasser, was Elefanten tatsächlich manchmal tun.

• Der Kaiser von Siam (Thailand) wurde „Herr des weißen Elefanten" genannt. Der seltene weiße Elefant gilt in diesem Land als ein Geschenk der Götter – und Buddha wählte einen Albinoelefanten als eine seiner Reinkarnationen.

• Manche Kaiser von Siam schenkten unliebsamen Höflingen einen weißen Elefanten. Sie durften diesen weder reiten noch für sich arbeiten lassen noch töten, mussten ihn aber dennoch mit großem Aufwand unterhalten. Daher steht der englische Begriff „white elephant" für einen wertvollen, aber nutzlosen Besitz.

• Manche asiatischen Kulturen glauben, dass Elefanten Glück und Weisheit bescheren. Im Buddhismus symbolisieren sie geistige Stärke und verkörpern die grenzenlosen Kräfte und Fähigkeiten Buddhas.

• Die römischen Schriftsteller Plinius und Älian behaupteten, dass Elefanten die Mondgöttin anbeteten, indem sie dem neuen Mond mit Zweigen zuwinkten – seitdem gelten Elefanten auch als Symbole der Frömmigkeit.

• Einige frühe indische Briefmarken trugen einen Elefantenkopf als Wasserzeichen; außerdem waren Elefanten auf der Flagge von Siam und den 10-Dollar-Münzen von Sierra Leone abgebildet.

• Elefanten sind seit Langem beliebte Gestalten für Kindergeschichten. Rudyard Kipling erzählte in seinen Genau-so-Geschichten unter anderem, wie das Elefantenkind seinen Rüssel bekam. Außerdem schuf er Hathi, den Kommandanten der Elefantenpatrouille im Dschungelbuch. Weitere beliebte Elefantengestalten sind etwa Babar, der Elefant von Jean de Brunhoff, der seine ersten Auftritte in den 1930er-Jahren hatte, und nicht zuletzt Benjamin Blümchen von Elfie Donnelly.

• Auch im Kino spielten Elefanten oft eine tragende Rolle, etwa in dem Disney-Zeichentrickklassiker „Dumbo" von 1941 und den vielen Tarzan-Streifen, bei denen schon seit frühesten Stummfilmzeiten Elefanten mitwirkten.

• Der Elefant hat Künstler seit Anbeginn der Zeiten inspiriert, davon zeugen etwa die Höhlenmalereien der Steinzeit und faszinierende Felsbilder in vielen Teilen der Welt.

• Von Elefanten ausgeführte Gemälde wurden weltweit in Galerien ausgestellt und beim Auktionshaus Christie's für Tausende englischer Pfund versteigert.

• Der 22. September ist der internationale Tag des Elefanten (Elephant Appreciation Day).

Register

Bildnachweis

(l = links, r = rechts, o = oben, u = unten, m = Mitte, h = Hintergrund)

© Corbis:

Theo Allofs/Corbis 16–17, 33(u); Theo Allofs/zefa/Corbis 62; Karl Ammann/Corbis 92, 198–199; Fernando Bengoechea/Beateworks/ Corbis 246; Jonathan Blair/Corbis 28; Christophe Boisvieux/ Corbis 234(1), 234–235(r), 244(u); Tom Brakefield/Corbis 12–13; Brakefield Photo/ Brand X/Corbis 88–89; Stephane Cardinale/ People Avenue/ Corbis 242–243(m); Alan & Sandy Carey/zefa/ Corbis 222; Sheldan Collins/Corbis 34(u); John Conrad/Corbis 2–3, 202; Tim Davis/Corbis 76–77(l), 106(l); Nigel J. Dennis; Gallo Images/Corbis 99(r); DLILLC/Corbis 18–19, 30, 66–67(r), 128–129, 145, 197(ur); Michael Freeman/Corbis 247(r); Gallo Images/Corbis 55(r), 122–123, 152, 166–167(l), 167(r), 172–173; Maurizio Gambarini/dpa/Corbis 47; Peer Grimm/epa/Corbis 243(ur); Roger De La Harpe; Gallo Images/Corbis 82, 226–227; Martin Harvey/Corbis 22, 23, 26–27, 44, 45, 116(l), 116–117(r), 132–133, 163, 177(u), 179, 185, 196, 203(o), 206–207(l); Martin Harvey; Gallo Images/Corbis 64–65, 197(o); Dallas and John Heaton/Free Agents Limited/Corbis 31; Lindsay Hebberd/Corbis 176–177(o), 189; Jon Hicks/Corbis 210–211; Andrew Holbrooke/Corbis 240; Jeremy Horner/Corbis 38–39, 188; Hulton-Deutsch Collection/Corbis 242(l); Rainer Jensen/dpa/ Corbis 207(or); Wolfgang Kaehler/Corbis 29, 244(o); Anuruddha Lokuhapuarachchi/ Reuters/Corbis 238; Gambarini Maurizio/ dpa/Corbis 186(l); Mary Ann McDonald/ Corbis 200(l); Punit Paranjpe/Reuters/Corbis 245(o); Jose Fuste Raga/Corbis 243(or); Reuters/Corbis 58(l); David Samuel Robbins/Corbis 239; Paul Souders/Corbis 60–61, 144, 150–151(r); Paul A. Souders/Corbis 98, 118–119(l); Gabriela Staebler/zefa/Corbis 110, 140–141; Stapleton Collection/Corbis 237; Chaiwat Subprasom/Reuters/ Corbis 247(ol); Keren Su/Corbis 25, 138–139; Sukree Sukplang/ Reuters/ Corbis 190–191, 207(ul); Steve & Ann Toon/Robert Harding World Imagery/Corbis 204–205; Jeff Vanuga/Corbis 153; Kennan Ward/Corbis 162(u); Tony Wharton; Frank Lane Picture Agency/Corbis 33(t), Yogi, Inc./Corbis 24(or).

© Shutterstock.com:

Pages 5(h), 38–39(h), 120(h), 146–147(h), 176–177(h), 188(h), 219(h) und 225–226(h); Angel's Gate Inc. 93; Can Basyigit 150(l); Kim Sarah Bernard 212–213(r); Suzanne Bickerdike 111; Vera Bogaerts 236; Sebastien Burel 158; Ewan Cameron 21, 155(r); Norma Cornes 147(ur); Digital Shuts 32; Ecliptic Blue 159; EcoPrint 78–79, 112–113, 120(l), 142–143(r), 224; Luka Esenko 131(r); Steffen Foerster Photography 10, 42–43, 83, 94–95(l), 99(l), 100(o), 100(u), 108–109, 124–125(r), 126–127, 148–149(r), 168–169(r), 170–171, 174(l), 176(u), 178, 180–181, 192(l), 203(u), 212(l), 216–217, 218–219 (l), 220–221, 230; Chris Fourie 1, 54–55(l), 57, 58–59(r), 66(l), 68–69(l), 74–75, 96–97(r), 101, 114–115(l), 130–131(l), 164, 165, 192–192(r); Josiah J. Garber 200–201(r); Jeff Goldman 20; Humphrey Grimmett 136(l); Jeff Gynane 48–49, 96(l); Robert Hardholt 4–5(l), 50–51, 80–81, 87; Geoff Hardy 250(l); John Hemmings 253; Bianda Ahmad Hisham 70–71; Nathan Holland 214–215; Chen Ping Hung 16–17(h), 40(h), 88–89(h), 150–151(h), 200–201(h), 212–213(h), 250–251(h); Iconex 56, 245(u), 250–251(r); Wayne Johnson 24(u); Herbert Kratky 90–91(r); Boleslaw Kubica 84–85, 219(r), 252; Brian L. Lambert 39(r), 124(l); Verena Lüdemann 154–155(l); Matt Paschke 46; Timothy Passmore 120–121(r), 146–147(r); Vova Pomortzeff 228–229; J. Norman Reid 134, 135; M. Robbemont 142(l); Adam Romanowicz 174–175(r); Chin Kit Sen 225; Vishal Shah 77(r); Michael Shake 6–7; Helen Shorey 90(l); Victor Soares 35; SouWest Photography 8–9, 34(o), 52–53, 72–73, 119(r), 136–137(r), 168(l), 182–183, 184, 208–209; Johan Swanepoel 115(r); Taolmor 149(r), 232–233, 248–249(r); Kheng Guan Toh 104–105; Edwin Verin 40–41(r); Stefanie van der Vinden 102–103; Gerrit de Vries 162(ol), 162(om), 162(or); Gary & Sandy Wales 223; Neil Wigmore 156–157(r); WizData, inc. 69(r); Xtreme Safari inc. 160(l); Jan Zoetekouw 160–161(r).

© iStockphoto.com:

Martin Allinger 63; Mark Atkins 186–187(r), 194–195; Philip van den Berg 231; Simone van den Berg 147(or); Vera Bogaerts 241, 248(l); Valerie Crafter 11; Elton Dralle 95(r); Robert Hardhold 14–15; Roger Lecuyer 106–107(r); Ron LeDoux 36–37; Jurie Maree 61(r); Pixonaut 56(h), 66(h), 98(h), 115(h), 155(h), 162(h), 196–197(h); Dejan Sarman 24(ml); Sandra vom Stein 86; Neil Wigmore 156(l).

Autorin und Verlag haben sich alle erdenkliche Mühe gegeben, sämtliche Copyright-Inhaber richtig aufzuführen. Sollte jemand dennoch versehentlich nicht oder falsch genannt sein, ist er gebeten, dies dem Verlag schriftlich mitzuteilen, damit der Copyright-Nachweis in weiteren Auflagen dieses Buchs entsprechend korrigiert bzw. vervollständigt werden kann.